給孩子的
限醣成長食譜

糖質制限で子どもが変わる! 三島塾レシピ

三島塾塾長
三 島 學
著

限醣名醫
江部康二
監修

悅知文化

前言

不管對嬰兒、小朋友還是大人來說
限醣飲食就是人類的健康飲食

三島學班主任在他的上一本著作《「限醣」可以拯救孩子》（《「糖質制限」が子供を救う》，暫譯。日文版由大垣書店出版）的前言中，提及了不少出版前的甘苦談。或許是這段辛苦歷程起了作用，**時代的潮流正慢慢地追上了限醣的腳步**。日本NHK在2016年7月20日（週三）播放的《今日焦點》（クローズアップ現代）節目當中，試算出限醣有3184億日圓的市場。雖然不知道是藉由什麼樣的方法算出這個數字，但是在現實生活中，限醣飲食確實擁有一個龐大的市場。一想到三島班主任與我能夠在這個領域當中扮演一、兩個角色，就覺得欣喜不已。

不僅如此，2017年2月7日，日本糖尿病學會的門脇孝理事長、生命科學振興會的渡邊昌理事長以及在下江部康二在東京大學醫學部附屬醫院辦了一場座談會。**會中門脇理事長提到自2015年4月開始，東大醫院也開始提供四成的限醣餐**。

我們的時代正不斷在改變。在琳瑯滿目的限醣話題當中，最熱門的一項就是「孩童限醣」。

出版史上第一本「孩童限醣」相關書籍的三島學班主任，這次要出版的是《給孩子的限醣成長食譜》這本書。令人高興的是，主婦之友出版社在看了《「限醣」可以拯救孩子》這本書之後寫了一封信給我，在他們的協助下，這本書如期出版。這是一本匯集三島班主任血汗與淚水的精選食譜書，相信一定能對各位讀者有所助益。其實，目前並沒有任何科學根據足以證明「孩童限醣」是好是壞。所以接下來我要說的，都是根據我本身的經驗及客觀知識得來的，也就是單純的理論假說。

我常在說，「限醣」其實是人類原本的飲食模式，也是人類的健康飲食，因此，對孩子的健康也會有很大的幫助。人類的歷史長達七百萬年，但直到約一萬年前才開始食用穀類。因此，在漫長的人類史當中，人體大部分的時間都是一邊攝取限醣飲食，一邊不斷地變異進化，進而完成消化、吸收與代謝系統。換句話說，我們的身體早已進化為適合攝取限醣飲食的體質了。早在農耕生活開始之前，人類就已經一邊攝取限醣飲食，一邊過著包含懷孕、生產、育兒在內的日常生活了。

一旦考察人類的進化過程，就會發現進入農耕時代後，**人體攝取的**

總熱量有60% 來自以穀類為主的碳水化合物，這樣的飲食生活，根本可說是異常失衡。

話題回到孩子身上。二十萬年前誕生於非洲的智人小孩，依靠著母乳以及穀類以外的雜食成長，演化成適合限醣飲食的體質。因此理論上，對於生活在現代的孩子而言，限醣飲食應該會比穀類為主的飲食還要來得更自然、健康。本書的內容正驗證了這個說法。

孩子在成長過程中，需要的營養是蛋白質、脂肪、維他命、礦物質與膳食纖維。對於肌肉、骨骼與內臟成長格外重要的是蛋白質與脂肪，而不是醣類。人體是由55～65%的水分、14～18%的蛋白質、15～30%的脂肪、5～6%的礦物質所組成，醣類根本不到1%。當然，每個人多少有些差異，但是就身體組成成分而言，醣類的比例幾乎微乎其微，理論上，所謂必要的醣類是不存在的。

本書內容所要強調的，就是只要實行限醣飲食，孩子上課時就不會想睡、不會過動，不僅專注力增加，連學習能力也跟著提升，整個人會發生巨大的變化。這個部分在書中的理論篇當中，三島塾也舉出不少實例。

前一本限醣書的銷售量不錯，出版沒多久就再刷，就自費出版而言真是破天荒的事。２０１７年１月29日，上一本書的出版紀念酒會在京都舉行。當時邀請到實踐孩童限醣飲食的岡田小兒科醫院（滋賀縣高島市）岡田清春醫師，為我們演講「不從米粥開始的副食品」。聽說岡田醫師是使用平底鍋將比較不需擔心過敏問題的豬五花煎熟，搗成泥狀後以高湯稀釋，做成副食品，容易缺乏的鐵質就以雞肝補足。這樣一來，孩子可以攝取到蛋白質、脂肪還有鐵質，吃這些副食品長大的幼兒不僅發育健全，而且非常健壯。岡田醫師也為本書執筆寫下兩頁的內容。

不論是孕婦、嬰兒、孩童還是大人，只要在飲食上實行限醣，就會變得健康。因為這是人類原本的食物，也是人類的健康飲食法。說不定「孩童限醣」會成為今年重要的關鍵字呢！

一般財團法人高雄醫院 理事長
一般社團法人日本醣質制限醫療推進協會 理事長 **江部康二**

目錄

讓孩子雀躍不已的豪華大餐

蔬菜・豆類・海藻 配菜食譜

三島塾的早餐

三島塾的午餐

COLUMN

限醣孩童的點心

讓孩子提振精神的湯品

忙碌媽媽的好幫手！

本書使用方法

- 1 大匙是 15ml，1 小匙是 5ml，1 杯是 200ml。
- 若無特別說明，烹調時使用的是中火。
- 做法中不會特地寫出洗菜、削切果皮等步驟。
- 微波爐的加熱時間以 600W 為基準。使用 500W 的微波爐加熱的話，時間需加 2 成。請依機種調整加熱時間。
- 食譜上標示的總醣分原則上是 1 人分。

三島塾食譜

理論篇

三島塾的學習指導與飲食效果

這實在是太厲害了！從小學生到大學重考生都能夠認真念書，茁壯成長

不管是立志考上名門學校或醫學院、不想去上學、還是診斷出有學習障礙（LD）或過動症（ADHD）的學生和小朋友，只要來「三島塾」上課，個個都能和平相處，好好念書。目前北九州教室有30人，東京教室有10人。在這個麻雀雖小、五臟俱全的環境裡中，大家就像是生活在同一個屋簷下的兄弟姊妹般，氣氛融洽，有時念小學的孩子還會吵著正準備考大學的高三生一起玩五子棋呢。

負責指導的人只有我、妻子與次子三個人。東京教室的週二至週五由我、週六至週一由次子負責，北九州教室正好相反。妻子則是在北九州教室負責指導小學生。

我們的教育方針，以阿德勒博士註1的「不讚美、不責備、不教導」教育理論為概念，採取個別指導而非集體上課的方式，也就是配合每個人的程度準備教材，有不懂的地方就隨時提問。

學校與補習班的教材往往以授課為前提，並不適合自學自習，光是預習與寫功課就耗掉不少時間。針對這一點，我們認為市售的教材反而最適合自學自習，因為「閱讀整理、寫題庫、參考解答與解說」（如果還是不懂，就直接問我們）的效率反而會更好。

如果是薄一點的題庫，「三島塾」的學生2天就可以寫完一本。

就算是複習英語，國一程度也是2～3天就可以結束。小學六年級的學生在準備漢字檢定或英語檢定時，甚至還可以考到2級。如果

是多益（TOEIC）的話，有的學生原本成績是220分，但是在11天內念了160小時的書之後，分數可以拉高到470分。

東京教室雖然是12月底開班，但是當年以都立高中為第一志願的考生卻能夠全數考上。也就是說，在短短兩個月內，原本成績不到C的考生通通合格了，甚至原本打算報考私校當備胎的，也變成直接以保送身分入學。如果採用「三島塾讀書法」搭配「限醣飲食」來學習，偏差值一口氣提升10個數值根本輕而易舉。

受到少子化影響，出版業的競爭相當激烈，也因此編排易懂的教材只要上網或在書店都可以輕鬆買到。雖然每個月要支出約1萬日圓的教材費，但是這就是全部了。比起來回上補習班的時間、交通費與半路可能遇到危險等，在父母做家事時坐在廚房裡，一邊聊天、一邊讀書的學習效果反而更好。

不過在孩子念書時，父母不可從旁指導。畢竟大人輕易就能挑出錯誤，不小心就可能脫口說出「這麼簡單也不會嗎」之類的話。孩子的自尊比想像中的更高，光憑這一句話，就足以讓孩子對學習甚至對父母產生反感。

孩子回家後，先給他一塊冰箱裡的冷凍奶油。功課寫完了，就給他一塊限醣巧克力。只要讓餐飲擺脫醣類，就可以讓孩子念書更專心，成績急速攀升。

POINT 1

讓孩子與父母焦慮不安的原因就是醣類攝取過多！

改善的關鍵，在於限醣

讓「孩子焦慮不安」的原因，可以歸咎於醣類過剩的飲食生活。攝取醣類之後血糖會上升、情緒會變得亢奮（※鬥志昂揚）；但是，過了2～3個小時之後，情緒就會變得低落，也會變得愛睏想睡。

這段打瞌睡的時間一天約1個小時，一年累積下來共365個小時，也就是學校上課時間的整整2個月。

在一項與大學醫學院研究室共同合作的研究當中，我們特地為福岡縣某高中學生安排了一段午睡時間。這項研究的目的，並不是要探究學生下午上課時昏昏欲睡的真正原因，而只是對症治療，在可能想睡時安排午睡時段。不過，參與研究計畫的考生們並沒有睡著。因為他們吃的是「限醣」便當，所以血糖值並沒有受到醣類影響而暴漲暴跌，學生不但沒有任何睡意，更確保了專注力，有趣的是，成績也跟著提升了。

「媽媽情緒急躁」的原因，其實也與「孩子焦慮不安」的原因相同。就算對飲食很注意，現代的食材還是容易讓人越吃越不營養，甚至不知不覺出現「新型營養失調」的症狀。尤其是女性在經過懷孕、生產與哺乳之後，生理上非常容易缺鐵。就算多吃肉，如果沒有充分攝取鎂、鋅與維他命D的話，大腦就會因為營養不足而無法運作，所以

限醣後可以產生這些改變！

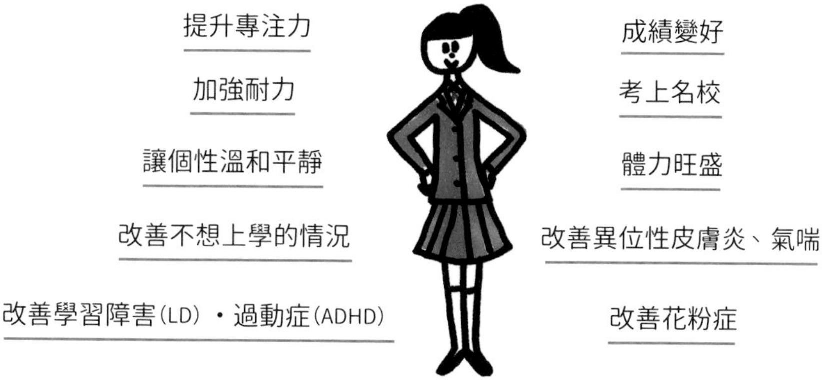
提升專注力
加強耐力
讓個性溫和平靜
改善不想上學的情況
改善學習障害（LD）・過動症（ADHD）
成績變好
考上名校
體力旺盛
改善異位性皮膚炎、氣喘
改善花粉症

媽媽才會老是急躁不安，在面對孩子的要求無法適時回應。

只要有充足的營養，就能夠實踐阿德勒博士所提出的「課題分離」註2，並理解到「孩子的課題」與「父母的課題」是不一樣的。孩子明明覺得「我喜歡石頭，所以以後要念地質學」，但大多數的父母聽了之後卻只認為「這種工作能當飯吃嗎？」而全盤否定。在孩子成長的過程當中，願望會不停隨之改變。但是，若父母只知道駁斥，不僅會澆熄孩子的熱情，甚至還會影響到孩子的成長。

在一週當中，我有一半的時間人在東京教室。有次回到北九州，遇到一位久未見面的媽媽，突然發現她整個人變瘦了。一問之下，才知道她靠著限醣瘦了11公斤。不過與其說是減肥，不如說讓體重降回標準數值會比較健康，而且個性也會變得更加穩定。**面對孩子的時候不會一直喋喋不休，反而讓孩子的個性變得更加獨立自主。**託限醣的福，現在他們全家人個個都笑容滿面呢。

「人如其食」這句諺語，你我皆知。

阿德勒博士也提到「心靈與身體是無法分割的」。所以說，「限醣」飲食是可以讓「你」的「身心」都更良好的飲食法。

POINT 2

孩子的限醣規則

減少醣類，重點放在必要的蛋白質與脂肪上

三島塾的「限醣」實踐規則

【早餐】**吃不吃都無所謂。要吃的話，就要吃「限醣」餐。**
※不可以吃加了蘋果與胡蘿蔔的果昔。

【午餐】**營養午餐全部要吃完。帶便當的話，就要帶「限醣」餐。**
※除了會引起過敏的食材，營養午餐一律要吃完，不過不可續碗。帶便當的話不可有主食，頂多一顆飯糰。盡量多利用低醣麵條或義大利麵。

【晚餐】**「限醣」餐**（無主食，以配菜為主）。

【點心】**蛋、冷凍奶油、起司、綜合核果、小魚乾、魷魚乾等不需特地烹調的食材，**需注意分量。

挑選食材的方法如下。

肉：牛肉、豬肉、雞肉、野味等產地明確的新鮮肉類。食用部位要隨時替換。

※特別推薦雞翅和豬肩胛肉。

魚：鮪魚與鰹魚等紅肉魚，或是青花魚（鯖魚）與沙丁魚等青魚。

簡單來說，「限醣」就是不吃主食，以飽足的菜色來取代

蔬菜：推薦小松菜、日本水菜、茼蒿與青江菜等葉菜類。以「50度清洗」（參照67頁），加些橄欖油、鹽、柑橘類果汁等食用。草酸含量較多的菠菜禁吃，酪梨與青花菜則很推薦。南瓜與根莖類（馬鈴薯、洋蔥、蘿蔔、胡蘿蔔、牛蒡……）裝飾點綴即可。

※葉菜類要多吃，以便攝取維他命C（酪酸菌的飼料）與膳食纖維。

蛋：完全營養品，而且價格低廉，可以多利用。以早中晚各2顆，也就是一天6顆為目標。

奶油：有鹽無鹽都可以。不需堅持草飼奶油，以免增加家計負擔。

起司：盡量選擇天然起司。加工起司含有添加物，需留意。

調味料：味噌、醬油要使用「純釀造」的產品。醬料、沙拉醬等選擇低醣的類型。利用蔬菜「碎屑」可以熬煮出鮮甜湯頭。以零糖質酒取代味醂。

※也可使用香草調味，不過小學低年級的學生比較喜歡鹽與淡淡的胡椒味。

為了避免家人反彈，剛開始的時候肉的分量可以豐盛一些，讓大家多吃一些蔬菜，最後再問「要白飯嗎？」大家如果回答「不需要」，那就成功了。

POINT 3

孩子健全成長的支柱

讓身體、心靈與成績都能有所進展的限醣飲食

這本書的內容，來自我過去6年以來在「三島塾」得到的實踐結果。

實踐「限醣」時，大人可以自己承擔責任，在孩子身上卻會關係到是否能健全成長，所以一定要謹慎再謹慎。

我看了不下一千本的書，如果看到不錯的內容，就會以三個月為單位先自己實踐看看，如果覺得有效，就會介紹給包括醫師、藥劑師與營養管理師在內的「讀書會」成員，請他們一起試看看。

最後，從中挑選沒有副作用、而且效果也得到認可的菜色，再推薦給學生。

Q：這與大人的限醣方式不一樣嗎？

A：當然不一樣。

以高齡105歲的現任醫師日野原重明的三餐為例，他每日攝取的熱量竟然少到只有1300kcal。早上是1杯新鮮果汁加1大匙橄欖油，午餐不吃，或是紅茶配兩片餅乾。晚餐是一大碗沙拉與分量飽足的肉或魚，米飯則是有時吃，有時不吃，也就是僅攝取足以維生的餐點。

但是，孩子一定要充分攝取足夠的營養素，才能夠好好地「成長、學習、運動」。

一天必須攝取多少分量的肉、魚、蛋呢？

理想體重(kg)		係數		基本攝取量(g)
50	×	**7.5**	=	**375**

每餐必須攝取的蛋白質食材分量為125g
（例如：平均每餐攝取蛋一顆50g、肉75g）

蛋　肉　魚　起司

Q：成長必要的營養是什麼？

A：以一年至少長高10公分的孩子來說，必須攝取符合這個成長速度的營養。我認為最基本的攝取量，是將理想體重（kg）x 7.5所得到的數值（單位為g）分攤在肉、魚與蛋上。

假設念國中的男孩理想體重是50 kg，那麼一日三餐的每一餐就要攝取125g的蛋白質。運動選手則視運動項目來決定，不過攝取量超過這個數值的兩倍也無妨。

Q：不吃主食，小孩的成長不會受到影響嗎？

A：在將近700萬年的人類史當中，攝取穀類不過是近1萬年才出現的事。就算不吃米飯、麵包或麵食也不會有問題的。

Q：難道不需要擔心孩子的成長與健康嗎？

A：完全不需要。補習班學生家長擔心的，是都已經快要高中三年級了，怎麼還在長高，都快畢業了，還要幫他買新制服才行。

而我的煩惱，就是流感高峰期間補習班的學生並不會被傳染，一旦學校被迫停課，學生就會一大早就來補習班報到，害我上午該做的事都沒辦法做。

孩子們
發生了
驚人的變化!!

實例

小學生的問題行為

大家都知道2、3歲的孩子會經歷第一次的叛逆期，而青春期的國中生則會出現第二次叛逆期，但是卻鮮少有人知道小學2、3年級的小朋友，也會出現一次「兒童叛逆期」。

小朋友開始排斥上學，大多發生在小學三年級的時候，看來我們必須多加關心這個年紀的孩子才行。

一般認為人的大腦約在10歲左右發展完成。也就是說，小學三年級的孩子頭腦已發達、獨立心開始萌芽，也會開始有強烈的自我主張。在家裡和學校時，與家人與同學起衝突的情況，也會越來越頻繁。

隨著年紀漸長，人會懂得該如何「協調」，但是我們無法要求小學低年級的孩子展現這樣的「能力」，畢竟他們的語言及表達能力有限，時常無法完全將自己的想法傳達給對方。孩子們之間的相處沒有太多顧慮，因此不管對方有多痛苦難過，孩子是不懂得收手的。在我剛當上老師時，服務的學校就曾經發生過霸凌自殺事件。雖然對方不是我教導的學生，但是被認為是加害者的學生卻能若無其事地繼續上課，這對我來說真是不可思議。

大人畢竟是大人，看到孩子發生狀況，往往會認為反正孩子還小而疏忽，丟下一句「我在忙，等一下再說」，把點心與果汁塞

給孩子，打算就這樣把事情壓下來。

但我認為這種情況若是置之不理，日積月累下來，孩子恐怕會出現暴力、拒絕上學、亂買東西等種種問題行為，透過讓雙親困擾來引起注意，好讓爸媽「關心自己」。

就算在校方要求下讓孩子「接受專家輔導」，但是走了一趟身心醫學科之後，父母能做的也只有讓孩子吃藥而已。即便接受輔導諮商，這仍不過是一門歷史尚淺的領域，指導內容只能說差強人意。不僅如此，有時甚至還會有人藉指導之名索求高額費用。

如果孩子無法集中精神、做事拖拖拉拉，老是讓父母感到頭疼的話，就代表著「黃燈」訊號，必須立刻採取「限醣」飲食來改善情況。學校的營養午餐有60%是碳水化合物，拒吃的話恐怕會與校方起衝突。因此，不妨孩子中午和同學一起吃營養午餐，早晚兩餐就嚴格執行「限醣」。就算孩子已經是「紅燈」狀態，只要透過「限醣」，相信在3個月的時間內一定會有大幅改善。但前提是「限醣」必須貫徹執行，也就是實行江部康二醫師的超級「限醣」餐[註3]。

POINT | **不管什麼事都可以自己完成。但面對情緒跟亂流一樣的小三學生，絕不可疏忽大意。**

實例

國中生與高中考試

孩子們
發生了
驚人的變化!!

上了國中之後，所有科目都換了老師，而且還有期中、期末考之類的定期測驗。一份NHK的問券調查指出，念小學的時候，孩子原本很喜歡上英語課，但是到了國一的第二學期，卻有超過半數的人「討厭」英語。可見他們已經開始迎接人生最大的關卡，也就是第二次的叛逆期。

前些陣子還聽話乖巧的孩子，突然毫無理由地開始顯得不耐煩。因為不知道原因，也不知如何對應，成了長年來令人頭疼的問題。

在我為改善第二型糖尿病開始採取限醣飲食後，發現用餐後不但不會想睡、還能長時間集中精神，因此開始調整補習班學生的飲食。沒想到這竟然讓叛逆行為得到了改善。

考高中並不是有學校念就好，挑選學校時，必須連同未來的方向一起考慮才行。要申請畢業後好找工作的高中，還是以升學為導向的高中？需要考慮的還有很多。

如此重要的高中入學，除了會考成績，申請書也非常重要，因為這裡頭除了成績，還記錄了國中三年的出缺席、社團及學生會等活動。

到了國三，叛逆的情形就會慢慢穩定下來。可是，如果國一國二時不受管束、經常缺席翹課，甚至已經有偏差行為的話，將成為申請書中的致命傷。孩子好不容易振作起來了，若因為過去表

現不夠好而無法申請第一志願的話，不是挺可惜的嗎？

過去認為青春叛逆期是孩子在生理上轉換為大人的過程當中，因為荷爾蒙失調所造成，所以無計可施，只能置之不理。但是，我發現到有些孩子並不會出現叛逆期、不然就是反應很輕微。進一步觀察，才發現他們吃的食物和一般孩子不同。

參加運動性社團的孩子，在雙層便當的第一層裝滿白飯固然無妨，但是我注意到便當裡配菜少到不夠配飯、還有老是吃超商便當的孩子，在感情上的起伏往往非常劇烈。這再次印證人的身心受到飲食影響，而不是與生俱來的個性所造成。

「三島塾」雖然提供孩子餐點，但是這只占了正值成長期的孩子一天生活中的三分之一，所以，我希望家庭與學校也能夠配合孩子的成長、學習與運動情況，提供豐盛營養的餐點。

POINT | **人生最大的難關，就靠限醣來渡過。**
讓孩子獨立的秘訣，在於「放手同時保持關注」。

孩子們
發生了
驚人的變化!!

實例

高中生與未來

上了高中之後，無論男女，言行舉止都會越來越像大人。只要孩子成長到這個地步，應該就沒有問題了。

學校放假的時候，來三島塾上課的高中生會從早上８點一直念書到晚上10點，只有吃飯和上廁所時才會起身。也就是說，他們這一整天專注地讀了14小時的書。

有個補習班的學生，在國中時拒絕繼承醫生父母親所經營的診所。上了高中後的某一天他過來找我，表示自己「想要當醫生」。我為他的父母鬆了一口氣，接下來只要指導他怎麼準備考試、考上學校就好了，對我來說非常輕鬆。最後這位學生也順利考上了當地私立大學的醫學院。

這位學生在高中時為了甲子園，進入棒球強校就讀。雖然沒能完成上甲子園打球的夢想，但最起碼完成了考上醫學院的願望。

雖然平常只在打棒球，但是快到考試時，他會在棒球部活動一結束後就來「三島塾」，一路念書到早上，再直接從補習班去學校上課，真的非常認真。

當然，他也實行了「限醣」守則。包括醫師父母與家中的三個兄弟在內，全家一起遵守「限醣」的飲食方針。這讓我回想起在江部康二醫師來北九州演講時，這位學生的父親在臺下聆聽「限醣」的效果，一面頻頻點頭的情景。

當然還是會有失敗的案例。有些學生是為了「三島塾」寬敞的書桌、適合久坐的椅子、認真的學生這樣的整體學習環境而來。一旦建議「限醣」，他們多半會說父母不同意，因為考前是關鍵時期，如果把身體搞壞就糟了。這樣一說，我也無計可施。

話雖如此，他們每天還是會吃些我做的補充點心。不用說，這些都是「限醣」點心，多少可以發揮一些效果。眼看著他們的成績提升，但竟然在大考前的倒數階段打起瞌睡，如果他們好好吃「限醣」餐，這種情況是不會出現的。但是，因為早午兩餐吃的都是媽媽為他們準備的豐盛餐點，當然會攝取大量醣類。

有位學生在準備大學學測時，落點分析落在國立大學醫學院，結果還是沒能錄取。指考時他表現不錯，為什麼考不上呢？一問之下，才知道是面試答不出來。面試指導是我強項中的強項，應該準備得非常充足才是。如果能夠配合「限醣」，這孩子一定能更沉著冷靜地應對面試官的問題。想到這裡，心中還是覺得惋惜不已。

POINT | **以「誘導」替代「指令」。**
父母是孩子在自行決定「人生設計」時的輔助者。

孩子們
發生了
驚人的變化!!

實例 孩童減肥問題

只要是女孩子，就算只有小學一年級也知道少吃甜食對減肥有效。所以推薦「限醣」時不需多說，只要告訴她們「會變漂亮喔」就可以了。當然，減肥原本的用意，是要回歸「正常的飲食方式」。如果只是為了變瘦而減肥，就讓人難以表示贊同了。**讓過重的人瘦下來，過輕的人增加體重，人人回到適當的體重範圍**，這才是「限醣」的目的，所以限醣是有其必要性的。

香川縣政府曾經針對當地所有小四的學生進行抽血檢查，發現有10%的學生是糖尿病預備軍，當中還有人出現高血脂的情況。香川縣號稱「烏龍麵縣」、2011年糖尿病比率為日本全國之冠，但小朋友的狀況絕不能認為理所當然看過就算了，現在的孩子不管住在哪個地方，都多少過著醣類過剩的飲食生活，如果實際檢查下來，結果恐怕大同小異。

法國議會曾通過法令，禁止聘用BMI值（身體質量指數。體重kg÷身高m的平方）不到18的模特兒。不只是肥胖，過瘦也會影響健康。但是年輕女性想變瘦的願望早已根深柢固，也難怪拒食症患者以年輕女性居多。

「限醣」原本是為了改善糖尿病的飲食法，但卻因為有助於瘦身而引發風潮，並被視減肥的飲食法而遭受批評。我認為這根本是誤解限醣的用意。

為了應付飢餓，身體會將剩餘的醣類儲存在皮下脂肪，最後就造成了肥胖。我們人體是由55～65％的水分、14～18％的蛋白質、15～30％的脂肪、5～6％的礦物質，以及不到1％的醣類所構成。照此比例看來，只要我們減少這不到1％的醣類攝取量，補充足夠的脂質與蛋白質，就沒有問題了。

2016年北海道曾經發生「小學生遺棄事件」，不過小朋友卻只靠水生活了一個禮拜。人類只要有水，就能夠存活40天。這段期間完全沒有進食，所以無法攝取醣類，但是肝臟在這段期間卻能夠在體內製造人體需要的蛋白質與脂肪（糖質新生作用）。

如果沒有醣類就活不下去的話，那麼我們餐後3個小時就會死亡，因為醣類產生的熱量在餐後只能維持3小時。這和馬拉松選手在2小時內跑步超過30公里的話，會突然失速的理由是一樣的。

我們每天早上之所以能夠醒來，就是因為體內的蛋白質與脂肪產生的酮體註4**發揮了作用**。人體裡的紅血球因為缺乏粒線體所以需要醣類，但是大腦與心臟這兩個器官卻不一樣，只要有葡萄糖與酮體這兩種物質，就能順利運作。

POINT | **減肥不是瘦就好，而是要回歸正常的飲食方式。需要適當適宜的不只外表，還有腦內的環境。**

孩子們
發生了
驚人的變化!!

實例

拒絕上學
閉門不出

既然有擅長社交的孩子，當然也有內向害羞的孩子，只能說每個人的個性和性格不同。

但是，在我小時候，根本沒有拒絕上學或是繭居族這種事。與其說是個人問題，把它當作是社會或環境的問題來思考或許比較妥當。

也就是說，

・少子化讓家裡少了可以吵嘴的兄弟姊妹
・核心家庭讓家裡失去了像爺爺奶奶這種在家庭關係中扮演緩衝者的人物
・雙薪家庭剝奪了父母與孩子享受天倫之樂的時間
・補習讓孩子無法體驗非學年制的社會

在進入學校或者是踏入社會前，孩子並未生活環境或家庭中遭遇任何衝突或挫折，因此在進入學校或社會時，對於同儕間殘酷的對待無法忍受、缺乏「免疫力」。因為不知如何應對，結果導致「傷口」越來越嚴重。

在我的小時候，不去上學可是天大的問題，但反觀今日，孩子就算沒去上學，也不見暴跳如雷的父親或頑固的爺爺出面斥責，冰箱裡不但塞滿好吃的東西，家長還會因為小朋友沒有營養午餐可吃，而另外準備麵包或泡麵。

有段時間，電動是打發時間的好幫手，現在只要看看 Youtube 影片，轉眼間一天就這樣過去了，既不會寂寞，也不會無聊。過了一段得過且過的日子之後，原本規律的生活步調就會開始瓦解，回歸普通的生活變得更加困難。就算偶爾想要出門去上學看看，也會因為跟不上進度而開始討厭上學。

平時鮮少與人往來，一旦站在人前就因為不知如何應對而疲憊不堪，到頭來會越來越不想出現在大家面前。惡性循環的結果，就成為閉門不出的繭居族。

當然，這當中也有些因為遺傳性心理疾病無法適應團體生活的孩子，但是我認為絕大多數閉門不出的情況是可以改善的。

曾有個心理輔導無法處理、拒絕上學的孩子，因為「限醣」飲食搭配維生素、礦物質的補充而有所改善，在3個月後回到學校上課。這個孩子還有遭受家庭暴力的背景。如果是情況更輕微的孩子，只要一個月的時間就可以重返學校。雖然心病難醫，但若從腦部營養不足的觀點思考，藉由「飲食+營養」=「限醣+營養素」，是有可能讓情況得到改善的。

POINT

缺鐵是造成早上爬不起來的根源。
多吃肉、蛋與葉菜，身心健康後就能早睡早起，活力充足地上課去。

實例

來自國外的三島塾短期生

孩子們發生了驚人的變化!!

每年的春、夏、冬天的假期，最讓我期待的就是能看到國外回來的學生們成長的模樣。這些孩子因為父母工作的關係，平常在國外生活，為了將來回日本而做準備，所以才會利用假期到日本的補習班念書。

硬要他們中途插入補習班的課程並不容易，因此像「三島塾」這樣，可以配合每個學生設計課程並個別指導的補習班，就有其必要性。

今年春假的其中一位學生是來自埃及的克麗歐佩特拉（假名），她從4月開始就會升上當地日本人學校的國中一年級。我為她複習了六年小學的數學、國語、理科與社會這4個科目。原本預計要上10天的課，沒想到一下子就全部上完了，於是便加上應考英語檢定準3級的課程。這段期間，她可以從早上9點到下午5點不眠不休地念上8個小時的書。這就是「限醣」的效果。

另外，有對從中國回來的姊弟。我為姊姊規劃了歸國僑生可以報考的大學學測準備，弟弟則是國一以前的課程總複習。兩人在中國讀的是美國學校，英語能力非常強，姊姊在考英語檢定1級時不僅滿分，而且還榮獲日本英語檢定協會的文部科學大臣賞。而我能夠做的，是為她補充日語與英語長篇文章的背景知識。弟弟則是準1級及格，並在日本補習班模擬考中拿下全國第27名。

POINT | **旅居海外的日本人約有132萬人，歸國子女的教育往往令人頭痛不已。**

聽說他回到美國學校面談時，對方還曾問他：「這個假期間是不是發生了什麼足以改變人生的事情」呢。**我認為只要「限醣」，無論身、心或大腦，都能夠因此而改變。**

［註釋］

P14 註 1：阿德勒博士（Alfred Adler）

奧地利精神科醫師。「個體心理學」、又名「阿德勒心理學」創始人。他曾說過：「人並非一成不變，只不過是下定決心『不想改變』罷了。所以那些至今依舊無法感受到幸福的人所欠缺的，不是能力或金錢，更不是懷才不遇，而是缺乏改變（與幸福）的『勇氣』。」也被稱為「勇氣心理學」。

P17 註 2：課題分離

阿德勒博士針對人際關係上的困擾所提出的解決方法。他指出「父母」與「孩子」是兩個不同的個體，不管是誰，都必須要堅守「自我」，不讓「他人」介入，這樣才能夠維持良好的親子關係。

P23 註 3：江部康二醫師的超級「限醣」餐

江部康二醫師的超級「限醣」餐指的是三餐無主食並限制攝取的醣類，是嚴格的飲食法。另外還有兩個階段，一是基本「限醣」餐，在三餐中有兩餐限制醣類攝取，只有（晚餐之外的）一餐可以攝取主食。而簡易「限醣」餐則是三餐當中只有一餐（基本上為晚餐）限制醣類攝取且沒有主食。這不但可以治療或預防疾病，也助於減肥。該選擇哪一個階段，依照限醣目的而定。

P29 註 4：酮體

酮體是人體在空腹或睡眠之際等燃燒脂肪時，由肝臟所生成的物質，同時也是心肌、骨骼肌等人體多數組織的能量來源。攝取醣類後 2 個小時內，心肌與骨骼肌的主要能量來源來自正餐的葡萄糖，但是空腹時就會慢慢轉換成「可以燃燒脂肪的酮體」。晚上睡覺或者是空腹時，會補充葡萄糖的有紅血球、大腦與視網膜等特殊細胞，尤其是紅血球只依靠葡萄糖為能量。除了飲食，肝臟的「糖質新生作用」也能夠產生葡萄糖。大腦所則需要葡萄糖和酮體，不只有葡萄糖，還有酮體。由此可見對人類而言，酮體是日常使用的能量來源。（江部康二）

編輯部報告

三島塾 北九州分校是這樣的地方

三島塾位於北九州市某棟大樓的2至4樓，空間十分寬敞。入口處的樓梯旁貼了一張「限醣基本知識」的海報，讓父母與孩子都能夠隨時牢記在心。

三島祐子老師　三島修老師

看書區

三島塾以靈活運用市面上的教材為特色。不管哪一層樓都有大量參考書，小學生正在寬敞的長桌上看書。

小學生

國高中生

國高中生每人都有一張專用的大書桌。就算有人來補習班參觀，集中力依舊不受影響。用餐時間則用來和每個學生分別聊一聊。

廚房與用餐區

餐點在教室角落的小廚房裡準備。因為沒有瓦斯爐，會利用單口電磁爐與真空燜燒鍋（請參照119頁）進行烹調。就算是小學生，也要多吃肉類及蔬菜。

孩子們這麼說！

喜歡三島塾的這一點！&最愛的菜色

[喜歡這一點！]
一個人一張大書桌，
真是太吸引人了。
而且不會打瞌睡了！

[最愛的菜色]
拉麵、奶油培根義大利麵
（高 2 男生）

[喜歡這一點！]
跟在自己家裡一樣

[最愛的菜色]
粉紅醬的雞肉火腿
漢堡排
（小 4 女生）

[喜歡這一點！]
念起書來很容易，
而且精神很集中

[最愛的菜色]
牛排很好吃！
色香味俱全，令人開心
（重考女生）

[喜歡這一點！]
休息時間
可以畫畫，很開心

[最愛的菜色]
烤雞腿
（小 6 女生）

[喜歡這一點！]
小考拿到目前最好的成績！
做題目的時候覺得狀況絕佳

[最愛的菜色]
拉麵
（國 2 男生）

[喜歡這一點！]
好多參考書喔！

[最愛的菜色]
最喜歡吃肉了！
全部都很好吃
（高 3 男生）

[喜歡這一點！]
念書效率非常好！
而且龜裂的腳跟
也莫名地好了

[最愛的菜色]
叉燒拉麵
（高 3 女生）

編輯部報告

媽媽這麼說！

我們家孩子的三島塾體驗

考前集中營強力指導！長子與次子都考上理想的大學與高中！

（T媽媽，孩子大1・高1）

長子在高三暑假時，到三島塾北九州校參加為期12天11夜的多益與推薦甄試小論文指導集中營。孩子告訴我，他們每天要讀14小時的書，前兩天雖然很痛苦，但是從第三天開始就變得輕鬆多了。其實他不太敢吃牛肉、豬肉與起司，但是集中營卻一大早就會出現肉，他肯全部吃完真是不容易。聽說是看到一起念書的人都吃得比他多一倍，所以才努力吞下去的。回家之後，他照著補習班所學的方法念書，不但順利考過多益，而且分數還超過目標的450分。

次子在大考前的寒假與週末到東京校念書。模擬考時，他考上第一志願的可能性評等為C，但寒假每天都去三島塾念書的結果是在假期結束後評等變成A，並順利考上第一志願，就連學校老師都說「竟然讓你考上了」（笑）。以前孩子身體不適或情緒不穩的時候總覺得束手無策，現在回想起來，第一個念頭就是過去準備的三餐與點心醣類會不會太多了。三島塾提供限醣餐、又有能讓孩子專心念書的環境，真是感激不盡。

「挑選適合孩子的教材、並教會自我學習的方法，讓孩子能夠自習」（T媽媽）

跳脫推薦甄試失敗的谷底 順利考上學校 宿疾與肥胖也改善了

（橄欖球選手的媽媽，孩子大1）

拜讀三島老師的Facebook與著作之後，我試著調整了孩子的飲食，並讓他念書與社團同時進行，但是沒想到推薦甄試慘遭滑鐵盧，只好抱著必死的決心去拜託三島老師。從12月底進入補習班、直到大考前共20天，孩子的飲食完全轉換，集中力也大幅提升。一掃原本低迷不振的心情，不但成績好轉，還順利考上了國立大學。原本不知所措的孩子，現在無論精神力與學習力都煥然一新了。

持續不懈的練習，卻能在體力與學習上兩方並行的原因，除了同伴與同學的支持，限醣也功不可沒。

現在，孩子原本在腎臟方面的舊疾與過敏都穩定了下來，也擺脫了肥胖，並在橄欖球場上朝著需要不停奔跑的邊鋒位置努力。上了大學後，為了不讓限醣飲食中斷，兒子沒有住在有供餐的宿舍裡，而是每天自己準備三餐。讓我們對接下來四年的大學生活拭目以待吧！

北九州校會定期量身高，紀錄大家的成長。每個人都在不斷抽高中。

不煮飯後全家都出現變化 親子關係也漸入佳境。而且我在半年內瘦了11公斤！

（K媽媽，孩子國3、小6、小4）

4年前搬到這附近之後，我就送孩子去三島塾，他們三個放學後就直接去補習班，在那邊吃點東西後，就開始念書或者是學些東西。

那是一個充滿居家氣氛、彷彿代替父母照顧孩子般的補習班，還會根據每個孩子的個性，在最適當的時間點給予孩子建議。過去三餐以醣類為中心時，孩子總是說不聽、吵鬧個不停，但是自從不煮米飯後，情況竟然改變了，尤其是小女兒的集中力大幅提升。不過一年的時間，每個孩子都變得不一樣了。

國3的兒子已經可以自己判斷並採取行動，也不用我叮嚀他「快去看書」。孩子在那裡已經吃過一點東西了，所以晚餐就只要簡單煎塊肉，補充點蔬菜就可以了，根本不需要煩惱要煮什麼，買菜變得輕鬆許多，食材也不會浪費，這對身為職業婦女的媽媽來說實在太棒了。就連我自己也變得不再焦慮不安，身體也變好了，忍不住與身邊朋友分享這個飲食法。

買得開心、煮得輕鬆、整理更是超方便!

三島塾的限醣食譜
是媽媽與孩子的好夥伴！

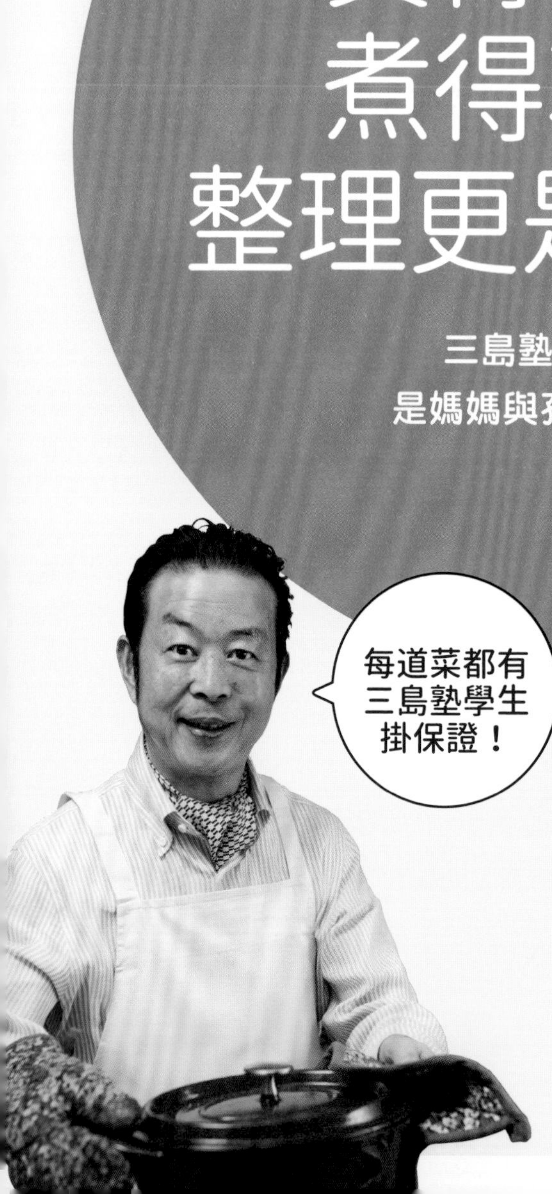

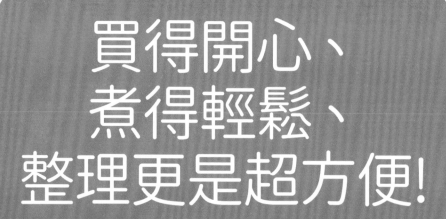

這樣就OK！每8天輪一次就好了！三島塾的BEST8

1 新羅流漢堡排

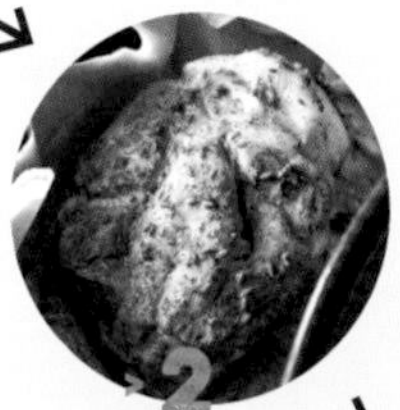

2 香煎嫩豬肉

3 坦都里烤雞

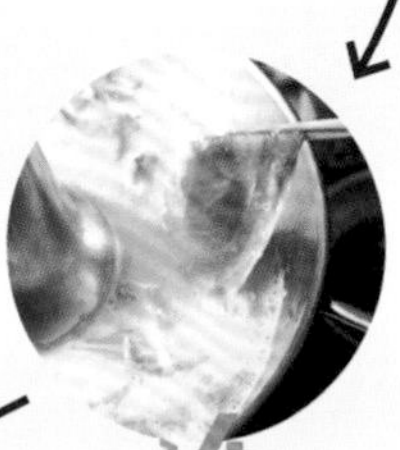

4 牛肉涮涮鍋

5 香煎旗魚排

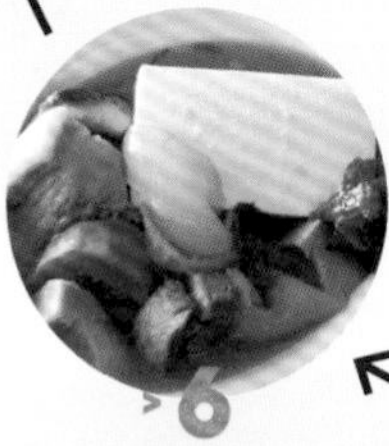

6 豬肉咖哩

7 棒棒雞

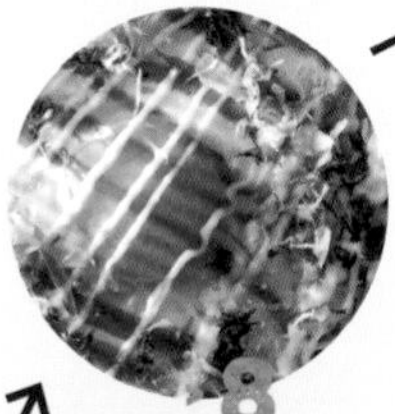

8 豬五花大阪燒

讓孩子讚不絕口、三島塾的八大招牌食譜！
選好 7+1 道主菜，之後只要依序吃一輪，
飲食生活就不無聊。
因為總共 8 道菜，就不會每個禮拜三都吃咖哩了！

配合孩子的狀況與要求煮看看吧！

讓孩子雀躍不已的豪華大餐 >58 頁

蔬菜與海藻滿滿的配菜 >67 頁

早餐 & 午餐、零醣類的麵類食譜 >76 頁

點心與飲料 >102 頁

在孩子沒精神的時候 >111 頁

善用方便的料理器具 >116 頁

人氣食譜

1

從國小到高中的學生統統讚不絕口！
榮登冠軍寶座的美味料理

新羅流漢堡排

1人分
總醣分
16.9g

包含醬汁與配菜

小朋友最喜歡漢堡排了！當然，這也是三島塾最受歡迎的菜色，而且還常常聽到孩子央求說「下次還要做喔」，讓這道菜榮登人氣投票的冠軍寶座。

材料（2人分）

- **漢堡排** 牛絞肉…160g／豬絞肉…80g／洋蔥…1/2 個／蛋…3 個（1 個用來黏合肉餡，另外 2 個煎成荷包蛋）／高野豆腐粉…24g／鹽…4g（4/5 小匙）／胡椒、肉豆蔻粉…各少許
- **醬汁** 紅酒…1 大匙／巴沙米克醋…1 大匙／番茄醬…1 大匙
- **配菜** 低醣義大利麵・羅勒醬（請參照下方）…80g／喜歡的鹽味清蒸蔬菜（請參照 68 頁）…適量

橄欖油…適量

做法

1. 洋蔥切碎末，一半直接使用，剩下的倒入加了 1 大匙橄欖油的平底鍋中，以小火炒透。
2. 將 2 種絞肉、1 個蛋、洋蔥、高野豆腐粉、鹽、胡椒與肉豆蔻粉加入盆中，將材料充分拌勻。
3. 將 2. 捏成小圓餅狀，壓出裡頭的空氣，讓中間稍微凹陷，放入倒了少許橄欖油的平底鍋中，煎熟後盛入盤中。
4. 將醬汁材料倒入 3. 的平底鍋中剩餘的肉汁中，略為熬煮。
5. 另起一平底鍋，倒入少許橄欖油，打 2 個蛋，加入 1 大匙的水，蓋上鍋蓋，煎至蛋黃變成淡淡的粉橘色為止。
6. 將 4. 的醬汁淋在漢堡排上，擺上荷包蛋，附上低醣青醬義大利麵與鹽味清蒸蔬菜即可。

配菜的低醣青醬義大利麵

低醣義大利麵的做法請參照 85 頁。麵條做好後放入加了少許鹽的大鍋熱水裡，煮熟後瀝乾水分。平底鍋倒入少許橄欖油、去籽的紅辣椒 1 根，以小火爆香後倒入煮好的義大利麵條以及羅勒醬（自製或市售品），均勻攪拌即可。

POINT

洋蔥準備炒過的與生的各一半，可以同時兼顧甘甜滋味與爽脆口感。

ARRANGE

肉類可以改用雞絞肉，也可以換個形式，改用無腸衣香腸。冷凍保存時，最好可以先把肉炒熟喔。

※ 我曾在千葉市舉辦的限醣飲食演講會上，與孩子一起做漢堡排，這道食譜是當時由「燒肉餐廳新羅（Shira）」的店長井戶口學先生教我的。

人氣食譜
2

高中男生一下子就把300g的肉掃光了

香煎嫩豬肉

1人分
總醣分
1.2g
僅包含肉

這是一道份量充足、可以「補充腦力」的食譜。茴香籽含有豐富的維他命與礦物質，其中的菸鹼酸就具有活絡「腦力」的功能。三島塾學生的偏差值之所以可以急速提升，要歸功於茴香籽的功效。不僅如此，這裡頭還含有豐富的維他命B2、C、E，讓肌膚更美麗。很多女學生都很喜歡茴香籽的香味，說不定是出自於身體本能的反應呢。

材料（2人分）

豬肩胛肉（肉塊）…500g
鹽…5g（1 小匙）
胡椒…少許
茴香籽…1 大匙

做法

1. 將豬肉抹上鹽與胡椒後，再將茴香籽均勻撒滿於肉的表面。
2. 在鑄鐵鍋（或是厚底鍋）底鋪上一層烘焙紙，將 1. 放入。
3. 蓋上鍋蓋，以小火加熱40分鐘即可。

這道菜淋上香橙奶油醬也不錯。將整顆柳橙果肉剝碎倒入耐熱器皿中，加入 20g 奶油，微波加熱 1 分鐘就可以了。

鋪上烘焙紙是為了防止豬肉烤焦，這樣一來鍋子不容易髒，在洗鍋子時也更輕鬆。

將豬肉切片後附上配菜即可。照片中的配菜為鹽味蒸青花菜與四季豆、小番茄、苦苣。

POINT

豬肉只要以低溫 · 定溫，長時間慢慢加熱，就會更加鮮嫩多汁。

ARRANGE

也可以用雞肉替代豬肉！使用雞胸肉或雞腿肉都可以，做法也完全相同。一口氣多做一些，放涼後放進冰箱裡可以保存 4 ～ 5 天。帶便當的時候可別忘了這道菜！

人氣食譜
3

打開補習班大門，咖哩的香氣讓大家高聲歡呼

坦都里烤雞

只要把肉放入醬汁裡醃漬30分鐘，再放入烤箱裡就行了，做法很簡單，而且成本不高，所以經常出現在三島塾的餐桌上。雖然是在教室一角烹調，但是因為沒有抽油煙機，所以每次煮這道菜時，整間教室都會洋溢著咖哩店般的香氣。來上課的學生開門聞到「坦都里烤雞」的香味，各個都開心得不得了呢！

材料 （2人分）

雞腿肉…2 片（600g）

鹽…6g（1 小匙多一點）

胡椒…少許

原味優格（無糖）…100g

咖哩粉…1/2 ～ 1 大匙

●配菜

喜歡的沙拉用蔬菜
（這裡用的是小松菜、紫萵苣、小番茄）…喜歡的量

做法

1. 雞肉各切成 5 等分，抹上鹽、胡椒。
2. 將優格、咖哩粉倒入鋼盆中，攪拌後再倒入雞肉搓揉，之後醃漬 30 分鐘左右。
3. 在烤盤鋪上烘焙紙，2.放上瀝乾醬汁的雞肉，放入預熱至180度的烤箱中，烘烤15分鐘即可。

咖哩粉的分量可視喜好調整。

分量大時還是用烤的比較輕鬆。

※ 若使用平底鍋烹調，先將油倒入熱好的鍋中，放入瀝乾醬汁的雞肉，蓋上鍋蓋後先用小火，煮熟後再用大火把表面煎成金黃色即可。

POINT

鹽與胡椒要充分揉捏、醃漬入味，味道才會夠香。

ARRANGE

也可以使用雞胸肉、小雞腿、雞翅，或者旗魚等魚肉喔。

人氣食譜 4

幫焦頭爛額的媽媽一個大忙

牛肉涮涮鍋

1人分
總醣分
7.8g

包含豆腐

回家之後不用10分鐘就可以端上桌的好菜。只要在早上出門前，先把冷凍室的牛肉放進冷藏，回家後再從冰箱裡取出退冰，同時把湯煮滾。準備好沾料的橘醋醬油，一道美味的涮涮鍋就算準備完成，絕對讓那些「餓死鬼」沒有機會開口問：「媽媽，晚餐還沒煮好嗎？」

材料 （2人分）

牛肉薄片（涮涮鍋用）…500g

喜歡的蔬菜

（這裡使用的是白菜、胡蘿蔔、水菜、鴻禧菇）…適量

白蒟蒻絲…1袋

豆腐…1/3塊（100g）

酒（盡量使用零糖質的酒）…1/4杯（50ml）

橘醋醬油、柚子胡椒…各適量

做法

1. 蔬菜切成適口大小。白菜切得稍大塊些，胡蘿蔔切成4×3cm的薄片。水菜切成4～5cm長，鴻禧菇撕小朵。白蒟蒻絲燙過熱水後瀝乾，切成適口長度。豆腐切成適口大小。
2. 鍋子裝滿水，煮沸後倒入酒（照片中使用乳清來代替水）。
3. 將1.的蔬菜、白蒟蒻絲與豆腐下鍋，煮熟後盛入器皿中。牛肉浮放湯面上，輕輕翻面後即可食用。吃的時候記得沾些橘醋醬油與柚子胡椒。

吃的時候可以依喜好加入一些橘醋醬油或柚子胡椒。我們使用自家做的橘醋醬油，是將日本柚子、酸橘或檸檬等柑橘類果汁以1：1的比例與醬油調和而成。酸橘與日本柚子在榨汁後裝入小瓶，可以冷凍保存。榨汁時若使用榨汁機的話，5kg的酸橘在30分鐘就可以處理完畢。解凍時想用多少就拿多少，之後再以1：1比例與醬油調勻就可以了。

在網路上訂購起司時，箱子裡通常都放一些用來替代保冷劑使用的冷凍乳清（請參照133頁），有時我們會用這個來做涮涮鍋的高湯。除了乳清，也可以用豆漿來代替。

POINT

這道火鍋不需要用昆布或柴魚煮高湯。水滾了之後只要倒入零糖質的料理酒，就足以做出一道美味可口的涮涮鍋了。

ARRANGE

把牛肉換成切成薄片的豬肉或雞胸肉也可以喔。

人氣食譜

5

美味關鍵在於蠔油！人氣第一的魚類料理

香煎旗魚排

1人分
總醣分
5.3g

包含配菜

劍旗魚的口感像雞肉，就算是討厭吃魚的孩子，也會開心地大快朵頤，成本也還過得去。更棒的是這道菜可以冷凍保存，再加上沒有魚刺，讓孩子吃得更安心，營養也很均衡。據說連在義大利足球甲級聯賽．國際米蘭足球俱樂部活躍的足球選手長友佑都也非常喜歡這道菜呢。

材料（2人分）

旗魚排…4 片（每片 80 ～ 100g）

鹽…2g（1/3 小匙多）

白胡椒…少許

橄欖油…1 大匙

A
- 蠔油…2 大匙
- 咖哩粉…1/2 小匙

●配菜

喜歡的沙拉用蔬菜

（這裡用的是水菜與小番茄）…適量

●沙拉醬

將美乃滋與原味優格以 1：1 比例調成醬汁…適量

做法

1. 旗魚排若處於冷凍狀態，先解凍再撒上鹽與胡椒。將 **A** 的材料混合，調成醬汁。
2. 平底鍋中熱好橄欖油後，將 **1.** 的魚排並排下鍋，兩面都煎過。
3. 煎熟後加入**A**醬汁，使之均勻包覆。
4. 盛入盤中，搭配喜歡的沙拉，淋上沙拉醬，若有香草可稍做裝飾（照片中為蒔蘿）。

POINT

旗魚排在下鍋時，若只是撒上鹽與胡椒的話，肉質會變得非常乾澀，但是裹上一層醬汁後會變得鮮嫩多汁，更加美味。

人氣食譜 6

用豆腐替代米飯的低醣咖哩

豬肉咖哩

1人分
總醣分
9.5g

包含豆腐與福神漬

小時候，我們家每個禮拜會煮一次咖哩飯，4個兄弟姐妹都會爭相續碗。現在的我過著限醣飲食的生活，但有時候還是會有想吃咖哩飯的衝動。因此，我把這道菜做成了低醣咖哩餐，重現在餐桌上。

材料（2人分）

豬肉（咖哩用豬肉塊或豬肉片）…500g
胡蘿蔔…1/2 條
洋蔥…1/2 個
酪梨…1 個
橄欖油…1 ～ 2 大匙
咖哩粉…1 大匙
洋車前子粉（或關華豆膠）…適量
鹽…5g（1 小匙）
豆腐…1/2 塊（150g）
福神漬…適量

做法

1. 胡蘿蔔切成適口圓片，洋蔥切適當大小。
2. 鍋子熱好橄欖油之後，加入豬肉、胡蘿蔔與洋蔥翻炒。待洋蔥炒軟後，加入剛好可以蓋住食材的水，轉大火；沸騰後轉為小火，直到蔬菜煮軟為止。
3. 酪梨縱切一半，剔除籽與皮之後，將果肉切塊，放入2.中。
4. 撒上咖哩粉，攪拌之後倒入洋車前子殼粉，可重複數次這個步驟，直到調出喜好的濃稠度。
5. 盛盤，添上水煮後瀝乾、切成小塊的豆腐與福神漬即可。

POINT

用湯匙加洋車前子殼粉（或關華豆膠）的話容易結塊，可以裝進撒粉罐中，重複「邊撒邊攪」這個步驟就行了。

洋車前子殼粉是將車前屬植物的種子外殼磨成粉末。成分有超過 90% 的膳食纖維，非水溶性與水溶性的膳食纖維兩者皆有且含量豐富。融入水中之後，洋車前子殼粉會膨脹約 30 倍，變成黏稠的果膠狀，在這裡主要用來勾芡。

ARRANGE

可以把豆腐換成市售的零醣質麵條或是自家製的低醣麵。

人氣食譜

7

用餘溫燜熟，煮出鮮嫩多汁的水煮雞

棒棒雞(水煮雞)

1人分
總醣分
5.8g

包含蔬菜

因為一次要做40人分，我在做的時候都會用直徑50cm的鋼盆做出大量，這樣大家就可以自由續盤了。雞皮也很有營養，所以會將其切碎後和雞肉絲一起攪拌。

材料（2人分）

雞胸肉…2片（600g）
鹽…6g（1小匙多）
胡椒…少許
月桂葉…1片
小黃瓜…1條
番茄（小顆的）…2個
水菜…適量
●**芝麻醬**　白芝麻醬…2大匙／醬油…1大匙／醋…1大匙

做法

1. 雞肉均勻抹上鹽與胡椒，稍微醃漬一下。
2. 鍋中裝滿水，煮沸後放入雞肉與月桂葉並立刻熄火。蓋上鍋蓋，直接放置冷卻。
3. 將芝麻醬的材料加入耐熱容器中拌勻，蓋上保鮮膜並微波加熱1分鐘。取出後再次拌勻。
4. 從冷卻的**2.**中取出雞肉，盛入塑膠夾鏈袋中封口。用肉錘或者是擀麵棍在袋上敲打之後取出雞肉，用手撕成肉絲。
5. 小黃瓜用削皮刀削成長長的薄片。番茄切成圓片。水菜切成3～4cm長。
6. 將番茄沿著盤緣排放後放上水菜，接著將對折的小黃瓜片放在中間。放上**4.**，最後再淋上**3.**即可。

雞肉放入滾水中便可立刻熄火。

蓋上鍋蓋，用餘溫把雞肉燜熟。這就是讓口感鮮嫩又多汁的訣竅。

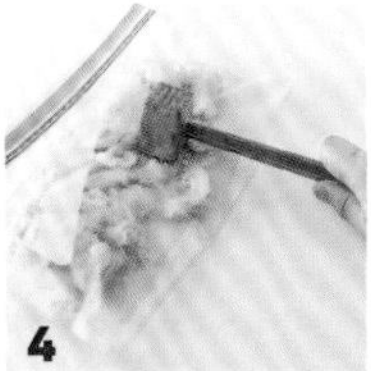

用肉錘將雞肉的纖維敲鬆。盛入袋中再敲打，肉比較不會四處飛散。

ARRANGE

把雞肉換成豬五花薄肉片依舊美味不變，是適合夏天的爽口菜。

人氣食譜

8

用料豐盛的豬肉與高麗菜，
沒有麵粉照樣擄獲人心！

豬五花大阪燒

1人分
總醣分
6.7g

小朋友們喜愛的麵食類當中，最具代表性的就是大阪燒與章魚燒了。章魚燒做法上比較花時間，再加上如果用低醣大豆粉取代麵粉，會很難黏成球狀。因此，我特別做出了不用麵粉也能成型的大阪燒。

材料（1人分）

豬五花薄肉片…100g
高麗菜…1/8 個
蛋…1 個
披薩用起司…50g
大阪燒醬（盡量使用低醣的）、
美乃滋…各適量
海苔或青海苔粉…適量
柴魚片…適量

做法

1. 高麗菜切絲。
2. 將豬肉片攤平放入熱好的平底鍋中，兩面煎熟。
3. 將高麗菜絲在肉片上鋪平，在正中央挖個洞、做成甜甜圈狀後放上起司，在中間凹洞處打蛋，蓋上鍋蓋燜燒。
4. 在蛋白凝固、起司融化後打開鍋蓋，讓蒸氣散出，再煎1～2分鐘，當底部變得酥脆後，即可盛盤。
5. 淋上大阪燒醬與美乃滋，撒上柴魚片以及捏碎的海苔即可。

在煎過的肉片上堆上滿滿的高麗菜絲、到看不到肉左右的程度。灑上一圈起司後，在正中間開的洞裡打個蛋蒸熟。

POINT

儘量使用玻璃鍋蓋，才能看到鍋中食材的模樣。抓準時機、打開鍋蓋讓裡頭的蒸氣跑出來，就能做出酥脆又美味的大阪燒。

ARRANGE

不容易買到低醣大阪燒醬的話，可以將大阪燒醬與醬油以 1：1 比例調出低醣醬汁。

※ 這道菜是舉辦超過 60 次的「限醣人 in 北九州」月會上，在午餐共煮時間誕生的。

COLUMN

來自學生的推薦！

還有很多道喔！三島塾的人氣菜色

前面我們介紹了三島塾最受歡迎的8道食譜。
接下來要搭配補習班學生的評語，
介紹未能擠進排行榜、令人扼腕的好菜色。

紅酒燉牛臉頰肉

好像在餐廳吃飯

麻婆豆腐

下次再做嘛！

披薩風螢烏賊

這是烏賊的小孩嗎？

日式肉捲

好想每天吃喔！

雞肉天婦羅

炸雞或雞肉天婦羅我都喜歡

使用茨城・菊水食品的納豆歐姆蛋

一吃就上癮的納豆歐姆蛋

油豆腐鑲蛋

鬆鬆軟軟
熱呼呼

烤雞肉串

我還要
2支鹽味、
1支醬油的

香煎雞排

我想要
炒蛋

煙燻豬肉

好香喔～

番外篇

為晚歸孩子而做的
特製「火車便當」

有些學生住在距離北九州市60公里的福岡市，當他們回到家的時候，往往都已經快晚上12點了。雖然6點半會吃晚餐，但回到家的話肚子應該還是會餓，所以我會為他們特製在車上吃的便當。說不定在家等待的家人也非常期待便當的剩菜呢！

讓孩子雀躍不已的菜色

豪華食譜
1

只要買到划算的赤身肉（瘦肉）就多做一些！

慢火烤牛肉

1人分
總醣分
5.4g

包含配菜
與芥末籽醬

我沒有學過烹飪，但因為是個愛吃鬼，曾吃遍各種餐廳，靠著視覺、嗅覺與味覺的記憶做出料理。烤牛肉這道菜曾讓我挫折連連，不過現在的這道慢火烤牛肉非常受歡迎，在考前做這道菜，可以讓學生們的壓力煙消雲散。

材料（2人分）

牛瘦肉（肉塊部分）…500g

橄欖油…適量

鹽、胡椒…各適量

●配菜

喜歡的蔬菜（這裡用的是胡蘿蔔、青江菜、小番茄）…各適量

做法

1. 牛肉置於室溫下約 30 分鐘，使它回復常溫。
2. 平底鍋倒入少許橄欖油，熱好油後放入牛肉，每一面各煎1分鐘。
3. 四面煎好後起鍋，放置10分鐘。
4. 再次熱鍋，與2.步驟相同，再度將每一面各煎1分鐘。
5. 取出牛肉，以鋁箔紙包起後靜置冷卻（冷卻後置於冰箱冷藏一晚，風味更佳）。
6. 製作配菜。平底鍋倒入少許橄欖油，熱好油後將切成薄片的胡蘿蔔、切半的青江菜與小番茄並排放入鍋中，撒上一點鹽。
7. 將牛肉切成喜歡的厚度後盛盤，搭配6.的蔬菜。最後再撒上適量的鹽與胡椒，如果能夠再附上芥末籽醬那更好。

※ 使用冷凍牛肉時，先用廚房紙巾將肉包起，置於冷藏室解凍一晚。下鍋前再置於室溫下即可。

1

牛肉每一面各煎 1 分鐘。全部煎好後先靜置 10 分鐘，再以相同方式再煎一次。

5

用鋁箔紙包妥之後靜置冷卻。

POINT

牛肉不需要撒上鹽與胡椒事先調味，因為這麼做反而會滲出血水，僅需在食用時依個人喜好撒上即可。另外，家裡如果有紅酒與巴沙米克醋的話，可以各取 1 大匙，加入鍋中熬煮成搭配的醬汁。

※ 這道食譜是根據我的 Facebook 好友豬崎真理子小姐與編輯大森真理小姐告訴我的內容調整而成。

豪華食譜

2

在家也可以做出餐廳的菜色

義式水煮魚

1人分
總醣分
4.7g

走一趟北九州的魚店，常見店面的籃子裡擺滿了無法「進貨到築地」的雜魚，平均3條才300日圓。這些魚不管大小或種類都很零散，頂多拿來煮味噌湯，不過我會用來煮義式水煮魚。這些魚不僅肉好夾，魚刺也不多，孩子們都會吃得乾淨溜溜，非常划算。

材料 （2人分）

喜歡的白肉魚
（小尾的鯛魚、鱈魚、鱸魚、
石狗公、鱸魚等）…2 條
花蛤（已吐沙）…約 10 顆
小番茄…6 個
青花菜…2 朵
橄欖…10 顆
橄欖油…2 大匙
白酒…1/2 杯（100ml）
白胡椒…適量

做法

1. 將魚鱗、魚鰓與內臟清除乾淨。花蛤外殼搓過後沖水洗淨，置於瀝水籃中。
2. 在鍋中鋪上一層烘焙紙，將魚排放其中，周圍鋪滿花蛤、青花菜、小番茄與橄欖。
3. 淋上白酒與橄欖油，撒上胡椒。
4. 蓋上鍋蓋，加熱蒸煮20分鐘。
5. 連鍋子一起端上桌，和大家分食共享。

因為不加鹽，特別加了比較多的橄欖油。橄欖油特殊的香氣和苦味，也會成為增添料理風味的調味料之一。

POINT

使用的食材已有鹹味，不需再撒鹽。

豪華食譜 3

我們家辦活動時不可或缺的美食

義式香煎牛肉火腿捲

1人分
總醣分
3.3g
包含配菜

來自義大利媽媽們的家庭料理。原先是為了「限醣人in北九州」的月會而做，現在已成為招待「限醣」夥伴與供應合宿組學生的餐點了。

材料（2人分）

牛肩胛肉薄片
（厚度2～3㎜，每片重量約80g）…4片
生火腿（長度較長的）…2片
鼠尾草葉（新鮮香草）…8片
鹽、黑胡椒…各適量
杏仁粉…適量
奶油…1大匙
白酒…1/4杯（50ml）
液態鮮奶油…1/2杯（100ml）
●配菜　甜椒（紅、黃）…切成薄片、各2片

做法

1. 用肉錘將牛肉敲薄後，撒上少許鹽與胡椒。以2片為一組，裡頭夾上4片鼠尾草葉與1片生火腿。以相同材料做出第二組。
2. 表面撒些杏仁粉。
3. 將奶油放入平底鍋，融化後放入2.，兩面煎熟。
4. 牛肉上色後，加入白酒與鮮奶油，略為煮沸，加入少許鹽與胡椒，調好味道後熄火。
5. 盛盤。放上甜椒、鼠尾草葉（分量外）做裝飾。

將兩片牛肉疊起，中間夾入生火腿與鼠尾草。生火腿的鹹味為整道料理添加了風味。

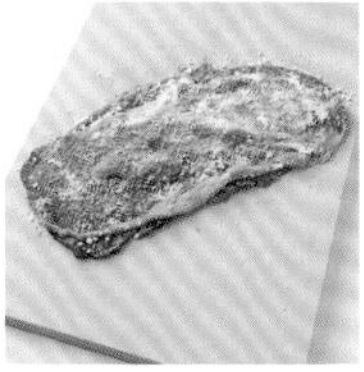

以杏仁粉代替麵粉，不過因為用量非常少，若無的話，使用麵粉無妨。

用肉錘把牛肉拍薄，可以讓肉的口感柔嫩、面積也更大，看起來分量更多。

ARRANGE

改用豬肉或雞肉做起來也很美味喔。

豪華食譜

4

看到媽媽正在煮，孩子眼睛都亮了

韓式燉雞

1人分
總醣分
4.5g

韓式燉雞是我家孩子固定在考前會來一碗的「活力一擊！」料理之一，可惜裡頭用了糯米與栗子等「限醣」NG食材。前幾天有人送了一隻全雞，我靈機一動：把餡料換成別的不就好了？把所有搭得上的食材塞進裡頭後，成品大受好評，現在已經成為我家不可或缺的宴客料理了。

材料（4人分）

全雞（內臟已清除）

…1隻（約1.2kg）

雞肝…2副

雞心…1個

A
- 醬油…2大匙
- 酒（盡量使用零糖質的）…2大匙

水煮蛋（已剝殼）…2個

牛蒡…1/3根

大蔥…1根

薑…1/3片

大蒜…1瓣

麻油…適量

喜歡的香辛料

（山椒粉、五香粉、花椒粉等）…適量

做法

1. 將雞肝與雞心在A裡泡30分鐘，醃漬入味。
2. 牛蒡與大蔥切成4～5cm長，蔥綠留著備用。生薑削皮後切成粗末，大蒜切半。
3. 將廚房紙巾沾濕後把全雞的內部擦淨，放入1.、2.與水煮蛋，用棉線將雞腳綁起後，用牙籤封口。
4. 放入蒸籠中，擺上蔥綠，蓋上鍋蓋，蒸60分鐘。
5. 取出之後，趁熱用刷子刷上麻油與喜歡的香辛料。

填入全雞肚內的材料。雞肝與雞心要先用酒與醬油醃入味。

用棉線把雞腳綑綁起來，就能夠避免內部的肉汁流出來，蒸熟後看起來也會比較美觀。

沒有蒸籠的話，可以在能容納全雞的大鍋中加水，放入有深度的容器裡，將雞放進篩籃、再放入鍋中即可。

將全雞分切之後，沾上鹽、醬油、柚子胡椒與橘醋醬油等享用。

ARRANGE

滴落鍋底的湯汁，只要加點鹽與胡椒調味就是一道美味的雞湯。當做低醣麵條的湯頭也不錯。

在準備「限醣」料理時，我都會多準備一些「肉、蛋與起司」，另外根莖類會盡量少放，因為裡頭的醣類含量通常比較多。不過，①小松菜、②水菜、③茼蒿、④青江菜之類的葉菜類的話，就會希望孩子能多吃一些，因為裡頭除了維他命與礦物質，還有大腸裡的益菌酪酸菌喜歡的食物：膳食纖維。豆類與海藻類也基於同樣的理由，需要充足攝取。清洗蔬菜時，可以先在洗菜盆裡倒入一半的熱水，接著再注入冷水至八分滿，也就是以將近50度的溫水洗菜，這樣可以讓蔬菜的口感更爽脆。用「50度溫水清洗」之後，用手將蔬菜撕成小片，撒上一點鹽、淋上橄欖油後稍微拌一下就可以了。

配菜
食譜

三島塾的學生
最喜歡蔬菜・豆類・海藻了

我希望能讓學生們多吃些蔬菜，因為這是維他命C與膳食纖維主要的補充來源。像沒有什麼澀味的小松菜，除了汆燙做成涼拌料理外，做成沙拉直接生吃也不錯。水菜清脆的口感，適合做成搭配肉類料理的清口菜，而且裡頭還含有超乎想像的豐富鈣質。茼蒿的特徵是味苦，不過卻非常適合搭配肉類料理，而且 β - 胡蘿蔔素的含量也相當豐富。青江菜大多為溫室栽種，全年價格穩定，除了營養豐富，也不會讓荷包失血。青花菜的維他命C含量在蔬菜當中居首。同樣營養豐富的菠菜，澀味成分中的草酸會阻礙鈣質的吸收，因此不建議生吃。

配菜
食譜

帶便當、當配菜都很適合

鹽味清蒸蔬菜

1人分
總醣分
15g

蔬菜的維他命C屬於水溶性，所以用蒸的會比用水煮更好，因為如此一來，養分比較不容易流失，而且若是用蒸的話，也不需要另外費工夫煮水，屬於非常省時的「縮時」料理。

材料 (2人分)

青花菜…1/4個
胡蘿蔔…1/2條
南瓜…1/8個
洋蔥…(小)1個
橄欖油…適量
鹽…適量

做法

1. 青花菜分成小朵，胡蘿蔔滾刀切塊，南瓜切成適口大小，洋蔥切成4等分。
2. 在鍋中倒入3大匙的水，鋪上一層烘焙紙。將蔬菜排放其中，輕輕撒上鹽、淋上橄欖油後，蓋上鍋蓋並蒸煮10分鐘即可。

POINT

胡蘿蔔與南瓜含有豐富的β-胡蘿蔔素，所以提供給孩子吃時，會先思考一下足夠的分量。

※這裡使用的蔬菜是沖繩的比嘉直子小姐送給補習班學生吃的。

當身體感到疲憊的時候，不妨補充一些檸檬酸。單吃檸檬可能會酸到吃不下，但是搭配白蘿蔔後，酸味就會變得非常順口。只要學生念書念到累了，我就會立刻做這道料理，孩子們吃了之後，也一定會立刻恢復精神。就算不用菜刀，只要有蔬果削片器，照樣可以兩三下端上桌。

配菜食譜

爽口的檸檬酸味，讓睡意一掃而光

蘿蔔檸檬片沙拉

材料（2人分）

白蘿蔔…100g

檸檬…1/2 個

鹽…1.5g（約 1/3 小匙）

做法

1. 白蘿蔔削皮後切成圓型薄片。太大的話，就再切成半圓形。
2. 檸檬皮抹鹽（分量外）搓過後以水洗淨，帶皮切成薄片。
3. 以 1 片白蘿蔔搭配 1 片檸檬片，疊好後放在盤中，最後再整個撒上鹽。

只要使用當季蔬菜、不小心多煮的水煮蛋等冰箱裡現有的材料，就可以做出來的這道沙拉，看起來色彩亮麗，令人食指大動。夏天做好後在冰箱裡冰過的話，味道會更棒喔！

1人分
總醣分
4.5g

配菜
食譜

常吃的蔬菜大變身！

高麗菜沙拉

材料（2人分）

高麗菜…2片
小黃瓜…1/2條
胡蘿蔔…1/3條
鹽…1.5g（約1/3小匙）
胡椒…少許
美乃滋…2～3大匙

做法

1. 將高麗菜、小黃瓜與胡蘿蔔切碎。
2. 倒入鋼盆中，撒上鹽、胡椒，再加入美乃滋攪拌即可。

ARRANGE

使用市售的沙拉醬代替美乃滋時，醣類可能會含量過多，所以記得要先確認外包裝上的內容標示喔。

配菜食譜

新鮮海帶芽涼拌三種

春天時，只要在店裡看到新鮮海帶芽，請務必買一些回去做做看。處理方式非常簡單，只要在水洗後切成適當大小，接著放進篩網中，用熱水淋上一圈就可以了。搭配橘醋醬油也非常美味。

1人分
總醣分
0.9g

1人分
總醣分
2.8g

1人分
總醣分
5.6g

新鮮海帶芽+鱈魚子

材料 (2人分)

新鮮海帶芽…約 80g

鱈魚子…1 個

做法

1. 海帶芽放在篩網上，淋上熱水，瀝乾之後切成適口大小，盛入容器中。
2. 添入用手撥成小塊的鱈魚子，邊吃邊壓碎攪拌即可。

新鮮海帶芽+蒸黃豆

材料 (2人分)

新鮮海帶芽…約 80g

蒸黃豆（包）…50g

橘醋醬油…適量

做法

1. 海帶芽放在篩網上，淋上熱水，瀝乾之後切成適口大小，盛入容器中。
2. 放入蒸黃豆，淋上橘醋醬油即可享用。

新鮮海帶芽+竹輪

材料 (2人分)

新鮮海帶芽…約 80g

竹輪…1/2 條

山葵醬油、芥末醬油、

橘醋醬油等…適量

做法

1. 海帶芽放在篩網上，淋上熱水，瀝乾之後切成適口大小，盛入容器中。
2. 竹輪切成圓形薄片，放上後加入山葵醬油等喜歡的調味料即可。

生鮮的海帶芽使用前要先過熱水。僅需將熱水淋在上面即可。這樣可以讓海帶芽的顏色變得鮮豔，同時口感也會更加蓬鬆柔軟。

這道料理不僅可以當作主要的一道菜，想再配點副菜的時候也可以派上用場。是能讓孩子自己動手做做看的小點心，更是宵夜的最佳選擇。

配菜食譜

起司香烤黑豆與茼蒿

材料（2人分）

蒸好的黑豆…50g

茼蒿…3 根

披薩用起司…30g

做法

1. 將茼蒿切碎，與蒸好的黑豆大致混合。
2. 盛入耐熱容器中，在上頭撒上起司，輕輕蓋上保鮮膜。微波加熱約 2 分鐘，至起司融化為止。
3. 取出之後趁熱大略攪拌即可。

如果是新鮮羊栖菜需過熱水，乾貨的話，則須浸水泡開後再使用。黃豆的部分使用市售罐頭或袋裝的都可以。

1人分
總醣分
2.3g

配菜食譜

羊栖菜拌黃豆

材料 (2人分)

羊栖菜…50g
　＊乾燥羊栖菜的話…10g
蒸好的黃豆…50g
橘醋醬油、山葵醬油等
　…適量

做法

1. 將羊栖菜鋪於篩網上，淋上熱水後瀝乾。若手邊用的是乾燥羊栖菜的話，浸泡於大量的水中約20分鐘，待泡開後再撈起瀝乾。
2. 盛進器皿中，倒入蒸好的黃豆，最後再淋上橘醋醬油等調味料享用即可。

※ 關於蒸好的豆類請參照110頁。

早餐
食譜

三島塾的早餐
只有固定兩種菜色
輪流提拱

到底要不要吃早餐呢？我覺得都可以。畢竟依照年齡，大家的生活型態都不一樣，如果前一天晚上因為太晚吃所以不餓的話，我覺得不吃早餐其實也無所謂。但是，如果是早睡早起，一大早肚子就餓得咕嚕咕嚕叫的話，那就要吃早餐。若要吃早餐，我想推薦以下省時、簡單又營養滿分的早餐食譜。用鐵鑄鍋來做的話，煮好就可以直接端上桌了，還可以少洗一點碗盤，多輕鬆呀。

早餐
食譜

「紅綠燈配色」讓人眼睛一亮！

西式早餐盤

1人分
總醣分
4.4g

讓人聯想到飯店早餐、感覺很時尚的西式單盤早餐。可以使用附鍋蓋的平底鍋或是塔吉鍋，先塗上一層油，將材料放好之後蓋上鍋蓋，開小火加熱5～7分鐘就可以了。如果使用計時器的話，這段時間就可以稍微離開一下，去做別的事情。

材料（2人分）

蛋…2個
香腸…4條
番茄（較小的）…2個
青花菜…4朵
橄欖油…少許

做法

1. 在平底鍋或塔吉鍋裡加入橄欖油，打入蛋之後，將香腸、番茄與青花菜排放在其他空位上。
2. 開火後倒入滿滿1匙的水，燜蒸加熱5～7分鐘，將蛋煎成半熟的粉紅色之後，即可將食物盛盤。依喜好撒上鹽、胡椒或沾上美乃滋享用即可。

煎出滑嫩無比，顏色粉嫩的荷包蛋做法

我們家的荷包蛋從剛結婚那個時候開始，就一直是粉紅色，因為妻子煎的荷包蛋就是這樣的顏色，因此，若硬是要她煎出蛋白硬梆梆的荷包蛋的話，她可能還煎不出來呢。為了讓蛋白口感柔嫩，她在煎荷包蛋的時候，都會特地多加1湯匙的水。

只需要將所有食材放進有鍋蓋的平底鍋與塔吉鍋裡，開火加熱就可以了。如果有比較大的鍋子，就可以一口氣做 2 人分。

在平底鍋放入少許油。將蛋打入鍋，待蛋白開始凝固的時候，加入滿滿 1 匙的水。

蓋上鍋蓋燜蒸。當蛋黃上出現一層白色的薄膜，約至半熟程度就完成了。

早餐
食譜

有了魚的EPA・DHA，就不會再算錯了！

日式早餐盤

1人分
總醣分
1.2g

江部康二醫師曾說過：「吃肉和魚的時候，比例必須是一比一。」高齡105歲的現任醫師日野原重明的晚餐也會出現魚。似乎不少媽媽因為魚有魚腥味，煮的時候會有些猶豫不決。但是只要學會這個做法，平時想吃魚就可以立刻煮來吃，屋裡不會充滿魚腥味，事後清理也很方便喔。

材料（1人分）

蛋…1個
鮭魚切片…1片
小松菜…1株
板豆腐…1/4塊
白麻油…少許

做法

1. 在平底鍋或塔吉鍋裡加入白麻油，打入蛋之後，將鮭魚、豆腐以及切成3cm長的小松菜並排放在其他空位上。
2. 開火後倒入滿滿1匙的水，燜蒸加熱5～7分鐘，將蛋煎成半熟的粉紅色之後，即可將食物盛盤。依喜好撒上鹽、胡椒或醬油享用。

用平底鍋一口氣烹調所有食材。豆腐兩面都想煎上色的話，記得翻面續煎。

早餐
食譜

一早起來補充水分，就靠這碗湯！

貪睡鬼的味噌湯

1人分
總醣分
2.4g

手忙腳亂的早晨，往往讓人擠不出時間好好吃頓早餐，但是最起碼要好好補充一些水分、維他命與礦物質。蔬果泥固然營養，但是裡頭的醣類卻讓人耿耿於懷。這時候不妨來碗味噌湯吧！想喝的時候只要把材料丟入馬克杯裡就好了，簡單到連孩子都可以自己動手做，根本不需要媽媽出手幫忙。

材料（1人分）

石蓴（沒有的話可用乾燥海帶芽）…1大匙
蔥花…1小匙
味噌…1小匙
日式高湯粉（盡量挑選天然食材製成的）…適量

做法

1. 將所有材料倒入馬克杯中，注入熱水（大約150～200ml）即可。

※每個品牌的日式湯粉風味各有特色，記得參照包裝標示，確認味道之後再添加。

我經常使用的高湯粉。這是用長崎縣產的乾燥香菇、日本國內產的沙丁魚與柴魚片、竹莢魚與青花魚粉調製而成的調味粉／島原香菇生產組合

家裡有如果有乾燥石蓴的話，沖泡味噌湯會更方便。石蓴口感柔嫩，當作湯料十分美味。沒有的話，也可以使用海帶芽或海苔替代。

我對麵條的熱愛程度，遠勝過飯和麵包，不論烏龍麵、蕎麥麵還是義大利麵，只要是麵，我統統都喜歡。因此剛開始「限醣」的時候，最讓我感到痛苦的一件事就是不能吃麵。每個月一次的抽血檢查後，我會在回家路上特地去吃喜歡的拉麵店，把這天設定為「解禁日」。不料半年之後的某一天，我吃完麵回到家沒多久，突然一陣寒意襲來，讓我全身顫抖、直冒冷汗，一度以為自己該不會就這樣魂歸西天了吧。如此嚇人的體驗，是由「餐後低血糖」所導致。自此之後，我不再碰麵食類。幸好，近來可以輕易買到低醣麵條，讓我能與補習班學生一同享受「美味又令人開心」的麵類料理。

午餐
食譜

三島塾的午餐

六日&合宿時的熱門麵類料理

三島流
糖質0g麵的使用法

從紀文的糖質 0g 麵上市以來，我就是主顧了。剛開始花了不少心思解決麵條水分過多的問題，後來差不多在 4 年前製作「限醣人 in 北九州」月會午餐時，我偶然發現麵條冷凍過後會釋出一些水分，還會變得更好吃。這個訣竅是我的珍寶。

紀文的糖質 0g 麵是以豆渣粉及蒟蒻為主要材料做成的零醣麵條，熱量只有 27kcal（1 袋 180g）。不需事先燙過，沖水後便可直接使用。

↓

冷凍

冷凍可以去除多餘的水分，讓糖質 0g 麵吃起來不會有水水的感覺，同時麵條也會變得更有嚼勁。

雖然可以自己做麵條，但因為會把廚房與衣服弄髒，我太太通常會不太高興。幸好有「飛利浦愛麵機」與「烏越製粉低醣綜合麵粉」，讓我想吃麵的時候很快就能做出麵條。

烏越製粉・低醣烏龍麵綜合麵粉。烏龍麵的比例是綜合麵粉 1 袋（500g）加上水 220ml、鹽 8g。

完成的麵條口感 Q 彈，幾乎不輸給真正的烏龍麵。

三島塾的手工低醣麵條做法

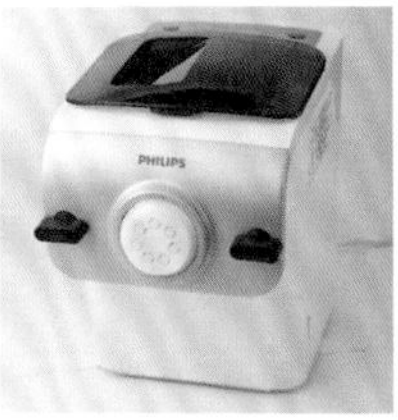

飛利浦愛麵機。做法不變，只要更換配件，就能夠做出義大利麵（直麵、寬麵、筆尖麵）、烏龍麵與拉麵等各種麵條。

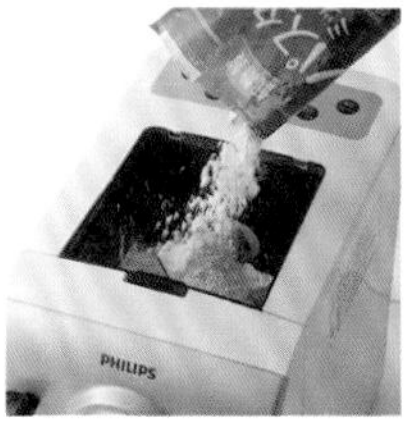

倒入烏越製麵・低醣綜合麵粉（1 袋・500g。配方比例請見包裝背後的標示）。調和的液體方面，義大利麵是蛋 + 水，烏龍麵是鹽 + 水，拉麵是小蘇打粉 + 鹽 + 水。

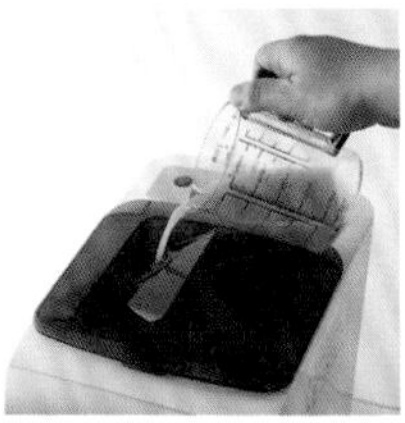

蓋上蓋子，按下開始鍵，當機器開始運轉時，將液體慢慢地以細絲狀倒入注水孔中。照片中做的是義大利麵，所以每袋（500g）麵粉要加入中顆蛋 2 個、冷水 140ml 與鹽 8g 調成的蛋液。

機器在 5 分鐘後會開始擠出麵條，用餐刀將麵條切成適當長度即可。

自家製麵條大功告成。1 袋低醣綜合麵粉可以做出 7 人分的麵條。做好的麵條如果一次用不完，可以每 80g 做成 1 小球，裝入塑膠袋後冷凍保存。

午餐
食譜

用鹽味代替醣類過多的日式炒麵醬

鹽味炒麵

1人分
總醣分
5.2g

材料（2人分）

低醣質・圓麵（紀文・糖質 0g 麵等）…2 袋
碎豬肉片…150g
高麗菜…2 ～ 3 片
洋蔥…1/4 個
豆芽菜…1/2 袋
白麻油…適量
鹽…3.5g（2/3 小匙）
胡椒…少許
青海苔粉、蔥花、柴魚片…各少許
蛋…2 個

做法

準備：低醣麵條事先冷凍備用。

1. 將冷凍過的低醣麵條沖水或以微波解凍後撈起瀝乾。
2. 高麗菜切成適口大小，洋蔥切成薄片。
3. 平底鍋熱好 1 大匙的白麻油，放入豬肉片。待肉片上色後加入高麗菜、洋蔥與豆芽菜拌炒。蔬菜炒軟後再加入麵條繼續炒，並以鹽、胡椒調味。
4. 另起一平底鍋，倒入少許白麻油，打蛋後加入滿滿 1 匙的水，蓋上鍋蓋，燜蒸 2 分鐘。
5. 將 3. 盛盤，放上荷包蛋，撒上蔥花、柴魚片與海苔粉，最後再淋上少許白麻油即可。

午餐
食譜

醬油與柴魚片的香味
讓人口水直流

炒烏龍麵

1人分
總醣分
16.2g

聽說炒烏龍麵的發祥地在北九州。可是在北九州住了30年的我還來不及在餐廳吃吃看，就這樣進入限醣生活，有點可惜。

材料（2人分）

自家製低醣麵條
（使用烏越製粉・低醣烏龍綜合麵粉）…160g
碎豬肉片…150g
高麗菜…2～3片
洋蔥…1/4個
豆芽菜…1/2袋
白麻油…適量
鹽…2/3小匙
醬油…少許
胡椒…少許
海苔粉、柴魚片…各少許
蛋…2個

做法

1. 在鍋子倒滿水後煮至沸騰。放入自製低醣麵條煮5～7分鐘，煮至喜歡的硬度後，撈起瀝乾。
2. 高麗菜切成適口大小，洋蔥切薄片。
3. 平底鍋熱好1大匙的白麻油，放入豬肉片。待肉片上色後加入高麗菜、洋蔥與豆芽菜拌炒。蔬菜炒軟後再加入麵條繼續炒，並以鹽、胡椒、醬油調味。
4. 另起一平底鍋，倒入少許白麻油，打蛋後加入滿滿1匙的水，蓋上鍋蓋，燜蒸2分鐘。
5. 將3.盛盤，放上荷包蛋，撒上蔥花、柴魚片與青海苔粉，最後再淋上少許白麻油即可。

午餐
食譜

高中女生也喜歡明太子義大利麵呢

鱈魚子義大利麵

1人分
總醣分
0.5g

今天吃的是和風義大利麵。蕈菇義大利麵雖然不錯，但是補習班的學生最喜歡的還是鱈魚子義大利麵。添上一點綠色，就可以變成「紅綠燈配色」了。話不多說，大家開動吧！

材料（2人分）

低糖質・圓麵條（紀文・糖質 0g 麵等）…2 袋
鱈魚子…1 個
橄欖油…1 大匙
鹽…適量
胡椒…少許
青菜（這裡用的是油菜花）…2 ～ 4 株

做法

準備：低醣麵條事先冷凍備用。

1. 將冷凍過的低醣麵條沖水或以微波解凍後撈起瀝乾。
2. 在平底鍋熱好 1 大匙橄欖油，用刀背劃開鱈魚子的薄膜，倒入鍋中翻炒後再加入麵條，一面拌炒讓水分蒸發。
3. 撒上鹽與胡椒調味。
4. 盛盤，配上燙青菜即可。

紀文・糖質 0g 麵

午餐
食譜

短短10分鐘
就可以端出一道豐盛午餐！

奶油培根義大利麵

1人分
總醣分
13.0g

明明是省去很多步驟的懶人料理，卻是補習班學生最愛的一道，而且點單率也很高！

材料（2人分）

自家製低醣麵條（使用烏越製粉・低醣義大利麵綜合麵粉）…160g
培根…3～4片
大蒜…1瓣
橄欖油…1大匙
披薩用起司…40g
蛋…1個
美乃滋…2大匙
鹽…適量
胡椒…少許

做法

1. 培根切成1cm寬。大蒜用刀背拍碎。
2. 鍋子倒滿水，沸騰後加入適量的鹽（2公升的水約1大匙的鹽），放入自製低醣義大利麵條煮5～7分鐘。煮成喜歡的硬度之後，撈起瀝乾。
3. 煮麵的同時在平底鍋裡加入橄欖油加熱，並倒入大蒜與培根拌炒（喜歡吃辣的人可以加紅辣椒）。
4. 平底鍋離火，放入起司、蛋液與美乃滋。
5. 麵條煮好後撈起瀝乾，加進4.中，拌勻後撒上少許的鹽與胡椒調味即可。

烏越製粉的低醣義大利麵綜合麵粉。可以做出滋味不輸餐廳、非常道地的雞蛋義大利麵條。

更換製麵機的配件做成義大利扁麵條的話，搭配奶油培根醬會更棒。

午餐
食譜

搭配冷湯，就算是炎炎夏日也可以一掃而光

雞肉棊子湯麵※

1人分
總醣分
2.2g

使用的雞肉是生過蛋的母雞，雖然口感比較韌，但是煮熟後卻越嚼越有滋味，相當推薦喔。

材料（2人分）

低糖質・平麵（紀文・糖質 0g 麵等）…2 袋

雞肉塊…150g

魚板…6 片

蛋…2 個

醬油…2 大匙

酒（盡量使用零糖質的）…2 大匙

山芹菜（切碎）…適量

做法

準備：低醣麵條事先冷凍備用。

1. 將冷凍過的低醣麵條沖水或以微波解凍後撈起瀝乾。
2. 將醬油與酒倒入鍋中，煮沸時放入雞肉。待雞肉煮熟後取出，加入 400ml 的水，煮滾做成湯頭。
3. 另起一湯鍋，加水煮至沸騰後加入打好的蛋，做成水波蛋。
4. 麵條盛入碗中，放上雞肉、水波蛋、魚板與山芹菜，注入湯頭即可。

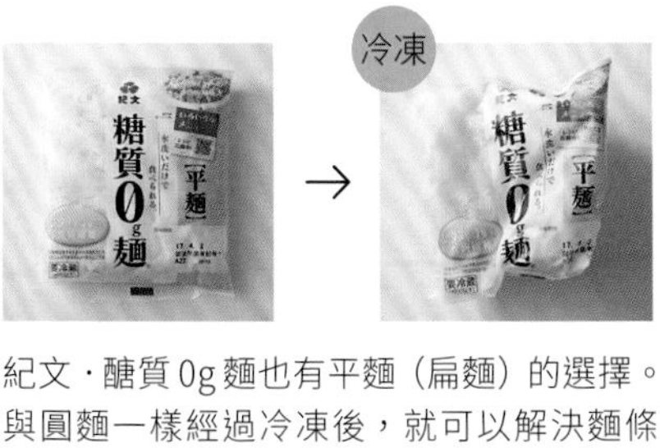

紀文 · 醣質 0g 麵也有平麵（扁麵）的選擇。與圓麵一樣經過冷凍後，就可以解決麵條水分過多的問題，吃起來更順口。

※注：基子麵きしめん為名古屋傳統湯麵，麵條寬扁，多以魚味高湯搭配雞肉、魚板等配料。

午餐
食譜

味噌、醬油、鹹味、豚骨，再來要吃點什麼口味呢？

醬油拉麵

1人分
總醣分
15.8g

這碗拉麵，連叉燒與筍乾也是自己做的喔！先在鍋子裡倒入100ml的水，加入紹興酒、甜麵醬與蠔油各1大匙，以及適量的花椒，煮滾後放入切成2cm厚的梅花肉，以小火滷10分鐘。取出後，再把水煮筍乾放進去滷就可以了。

材料（2人分）

自家製低醣麵條
（使用鳥越製粉・低醣拉麵綜合麵粉）
…160g
叉燒…4～6片（視大小而定）
筍乾…6～8片
水煮蛋…1個
蔥花…適量
拉麵高湯包（市售品）…2袋

做法

1. 在鍋子倒滿水後煮至沸騰。放入自製低醣麵條約煮5分鐘，至喜歡的硬度後，撈起瀝乾。
2. 煮麵的同時將高湯包倒入碗中，配合稀釋比例注入熱水。
3. 麵條瀝乾後放進碗中，擺上叉燒、筍乾、水煮蛋與蔥花即可。

鳥越製粉・低醣拉麵綜合麵粉。拉麵的話每1袋（500g）要加上小蘇打水（水160ml、鹽4g，以及加了2g小蘇打粉的40ml熱水）。照片中的是1.3mm的細麵條。滑溜的口感很受歡迎。

COLUMN

過去與現在
來看看學生們的便當

補習班的學生都是下課後直接過來教室。以前，晚餐都是在便利商店或便當店隨意買一買，可是這些地方買不到限醣便當，因此我才會開始動手為孩子們做菜。遇上假日或暑假，也就是學生直接從家裡來補習班的日子，我通常都會鼓勵他們帶媽媽做的便當。

原本有些照片是愛做菜的媽媽們所做出的專業級便當，但是，做便當的門檻太高的話，就太累人了，因此才沒有收錄在這裡。做便當最重要的是滿滿的愛，再來就是美味、好玩，還有零醣！

2～3 年前＞總之先請家長不要放主食，並多做肉、蛋與起司

早上只做了西式蛋捲。搭配其他之前做好的常備菜，就是一個看了讓人口水直流的便當。
（2015・北九州・小 5 男生）

看起來很可愛。併桌後一起吃飯的的小女生的便當。這孩子非常愛吃小黃瓜，所以一定都會有這樣蔬菜。
（2015・北九州・小 5 女生）

要從哪一道菜開始吃起呢？就算是前一晚的剩菜，只要充分利用，兩三下就可以做出一個便當。
（2014・北九州・國 1 女生）

將肉、蛋與起司一起拌炒。便當裡還有扇貝，為孩子補充了牛磺酸。一旁的奶油起司則是點心。
（2016・北九州・國 2 男生）

白色食材放在左邊，這是料理的基本。這位媽媽非常懂得配色，讓人非常期待吃便當的時間。
（2017・東京・高 1 女生）

參加運動比賽的男生的肉食系便當，肉足足有 200g。儘管如此，孩子回到家後還是會大喊「肚子餓了～」。
（2017・東京・小 6 男生）

竟然還有這種方法 —— 做成湯！最近的便當盒都不用擔心裡頭的湯汁會流出來。
（2016・東京・小 6 女生）

三島傳授的慢火烤牛肉光彩奪目。不說的話，根本沒有人知道用來做義大利麵的是低醣麵條。
（2017・東京・國 3 男生）

蘆筍豬肉捲真的很好吃。鮭魚裡頭含有豐富的蝦紅素（又名蝦青素），有助於消除疲勞。
（2016・東京・高 2 女生）

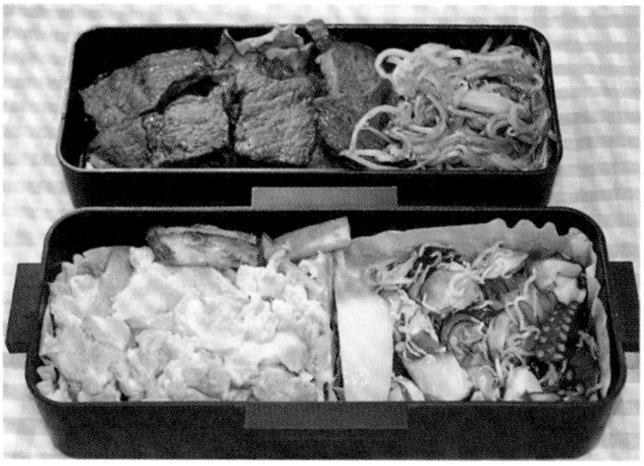

這位媽媽似乎努力過頭了。菜色太多的話，做起來反而會太花時間。其實稍微簡單一點就可以了。
（2016・北九州・國 1 男生）

COLUMN

關於學校的營養午餐

戰後糧食匱乏的時代，學校的營養午餐是孩童與學生營養補給的來源。即使是飽食時代的今天，所謂的「窮困孩童」仍需要靠營養午餐來補充營養。我們都知道，雙薪家庭中的媽媽往往因為生活忙碌而抽不出空為孩子做便當，所以學校的營養午餐成了她們的救星。因此關於以下的發言，並不是要提倡廢止營養午餐。我想討論的只是菜色問題，而不是批評營養午餐這個制度。

營養午餐的每餐預算約300日圓。與此相關的水電、瓦斯，還有人事費用，是靠稅金補足。簡單來說，這筆費用算是食材費。如果是普通餐廳的話，以這樣的食材費應該可以做出超過1000日圓的大餐。可惜學校的營養午餐通常只會出現炒麵麵包配果凍、牛奶，也就是全都是碳水化合物的組合。坦白說，我真的很希望學校不要被那些用試管計算出來的「熱量神話」所迷惑，而是要好好替正值成長期的孩子著想，提供含有豐富基本營養素的餐點。

「三島塾」會限制孩子們到便利商店買東西。當然，最近便利商店的「限醣」商品確實有增加的趨勢。我自己在機場準備搭飛機時，通常都會買盒我愛吃的「雞絲沙拉」，但是孩子們卻會不知不覺地把手伸向超商便當、果汁還有垃圾食物。就算大人一直說不行，孩子也不可能因為大人這樣說，就自己煮東西來吃。

到「三島塾」讀書的孩子，大多是下課後直接過來的學生，就是因為看不下去，我才會替他們煮些東西，補充體力。如果便利商店業者願意為全國上補習班的孩子們著想的話，我真的希望他們能夠推出「限醣補習班便當」，讓孩子：

- 用餐後不會昏昏欲睡
- 成績變得更好

善用便利商店來限醣！

這是利用便利商店食材做出的美味零醣餐點。只要把雞絲沙拉與半熟蛋用全麥麵包夾起來做成三明治就可以了，而且裡頭的半熟蛋還可以充當醬汁呢。

雞絲沙拉、袋裝蔬菜沙拉類、半熟蛋與低醣全麥麵包，加起來約 500 日圓。

外出中的午餐時間
或者是肚子有點餓的時候

便利商店就可以買到，適合當限醣餐的就是雞肉沙拉了。最近在調味上多了許多選項。另外也有海藻沙拉、蔬菜沙拉等其他選擇。

點心
食譜

三島塾版本
限醣的孩子也可以吃的點心

只要將焗烤起司片放在盤子裡微波就可以了——這道簡單的點心，就是來「三島塾」念書的孩子在回家之前的「獎勵點心」。這麼做的目的，是為了讓孩子們結束漫長的一天、回到家之後，不至於因為過於鬆懈而大吃大喝。我自己在深夜到家之後，通常會直奔廚房，享用一天唯一一餐的肉類與燒酒。不過孩子若是在這個時間還吃了一大碗飯的話，不但晚上睡不好，早上還會爬不起來。如果是起司或蛋之類優質的蛋白質或脂肪的話，情況就會與米飯等膳食纖維完全不同，不僅容易消化，在睡著的這段時間還能幫助身體恢復體力呢。

至於披薩，則依照配料的內容，可以是甜點（水果、發泡鮮奶油等）、正餐（酪梨、小番茄等），也可以是當成零嘴（義式臘腸、油漬沙丁魚等），就配合自己的喜好決定吧！

點心
食譜

微波起司片

不好意思，
做法真的是太簡單了！

材料（1人分）

披薩用起司…1 小盤（約 40g）

做法

在耐熱容器中鋪上一層烘焙紙，放上起司。將容器放入微波爐裡，喜歡香濃口感的人微波 40 秒、喜歡像餅乾般酥脆口感的人，只要加熱 1 分 30 秒～ 2 分鐘就可以了。

鋪上烘焙紙的話，就不用擔心起司會黏在器皿底部，輕輕鬆鬆就可以取出。除了披薩用起司外，也可以用其他種類的起司片替代。照片中，位於前方的是口感像烤仙貝一樣酥酥脆脆的起司，後方則是口感香濃的融化起司。補習班的學生們不知為何，比較喜歡融化起司。

1人分
總醣分
3.5g

點心
食譜

不用麻煩正在忙的媽媽，自己做就可以了！

蛋皮比薩

材料 （1人分）

披薩用起司…40g

蛋液…2 個分

喜歡的蔬菜…適量

（這裡用的是小番茄 4 個、
水煮四季豆 1 根）

做法

1. 小番茄切半，四季豆切斜段。
2. 起司倒入較小的平底不沾鍋裡加熱，當起司開始冒泡時倒入蛋液，放上 1.，蓋上鍋蓋，繼續加熱 7 分鐘。
3. 打開鍋蓋，讓水分蒸發之後，煎成喜歡的脆度即可。

※ 這道食譜是料理研究家井原裕子為補習班的學生所設計的。

點心
食譜

「好好吃、好好玩」讓人無法放棄！

丹麥風蛋酥皮披薩

1人分
總醣分
2.2g

這類食譜可以在Facebook或Cookpad的「蛋酥皮部門（卵デニッシュ部）」搜尋得到。另外《零醣甜點（糖質ほぼ0スイーツ）》與《零醣宴客料理（糖質ほぼ0おもてなしレシピ）》（均為主婦之友出版）也有這道食譜。做法是將美乃滋、奶油、液態鮮奶油等與喜歡的配料、蛋一起攪拌，最後用烤箱烘烤就可以了，不需要什麼特別的工具。雖然沒有添加麵粉類或泡打粉（因為含鋁問題），但是只要有蛋，照樣可以做出麵包。如果再加入堅果的話，吃起來會更有德國風味，而且還可以做成披薩餅皮，非常好用。

材料（10×20cm 1片，2人分）

●德國風丹麥蛋酥皮

蛋…1個

奶油起司…25g

綜合堅果…25g

●配料

披薩起司絲…適量

喜歡的配料（青椒、小番茄、橄欖、洋蔥等）…各適量

做法

1. 將蛋與奶油起司退冰備用。
2. 把綜合堅果倒入食物處理機中，打碎之後加入蛋與奶油起司攪拌，製作出濃稠的麵糊。
3. 烤模鋪上一層烘焙紙，倒入2.，放入預熱至180度的烤爐裡烘烤18分鐘。取出冷卻後撒上披薩起司絲和喜歡的配料，最後再放入烤箱裡，烘烤至起司絲融化即可。

烤好的蛋酥皮。在烤模裡抹上一層奶油或者是鋪上一層烘焙紙，就能夠輕鬆取出。

飲料

三島塾推薦
給孩子的飲料

瑪黛茶

南非茶

鮮奶油咖啡

奶油可可

南非茶不含咖啡因、瑪黛茶的咖啡因含量也不多，在當地是孕婦也能安心飲用的茶飲。「三島塾」會準備這幾種茶，讓學生隨時自己倒來喝。綠茶的兒茶素固然不錯，但是裡頭的丹寧成分卻會阻礙人體吸收鐵質，所以焙茶、粗茶與麥茶會比綠茶來得好。

咖啡廳裡經常能見到的「奶精」，其實是將植物油、水與乳化劑攪拌而成的白濁狀、類似牛奶的液體，所以才會這麼大方地「歡迎大家使用」。一旦知道這是怎麼來的，可會讓人嚇到不敢用呢。因此，為孩子準備咖啡與可可時，我們會盡量使用奶油或是真正的液態鮮奶油。不僅可以讓味道變得更加香醇，還能幫助孩子攝取脂質，可謂一舉兩得。

充分利用市售品！限醣點心

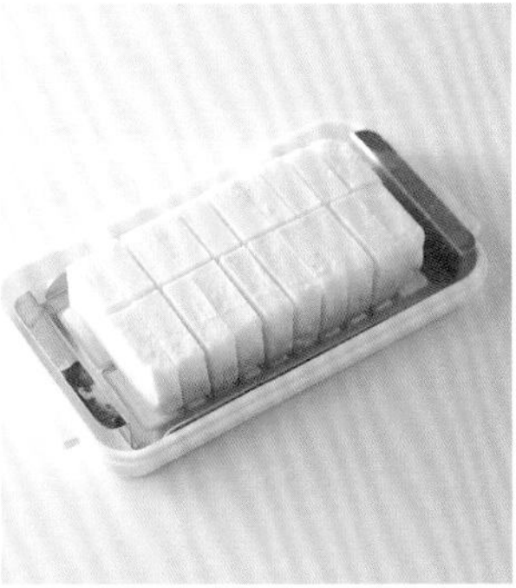

我很喜歡貝印生產的奶油切割器，可以一口氣將一大盒的奶油切成 10g 的奶油塊。

海苔夾奶油

從冰箱中取出奶油，退冰至可以切開的硬度後，先縱切成 2 大塊，再橫切成 10 小塊，這樣切出來的每一塊奶油就會剛好是 10g。切好後將奶油放入密閉容器中冷凍保存就可以了。孩子到了補習班後，我通常會用海苔把奶油塊夾起來，塞進孩子的嘴巴裡。這可是吹散疲勞、提升學習效果，是深受大家喜愛的「點心」呢。

小魚乾

去海邊旅行時，有時會看到新鮮又閃閃發亮的小魚乾，超市促銷時也會有新鮮的小魚乾出現。通常只要看到品質還不錯的小魚乾，我都會立刻買回來放一些在書桌上，只要孩子肚子有點餓，就可以隨手抓來吃了。

※ 照片中的小魚乾是大分的鈴木良子小姐送給補習班學生的。

微波魷魚條

香氣撲鼻、令人無法招架的點心。只要微波加熱 2 分鐘，魷魚就會跟仙貝一樣酥脆，比用烤箱烘烤還要簡單又美味。

綜合堅果

裡頭雖然有腰果等醣類含量較多的堅果，不過我還是會讓孩子一天吃 30g，差不多是隨手抓一把的分量。有報告指出，只要攝取蛋白質與脂肪含量豐富的點心，就不會亂吃其他零食，所以「三島塾」會隨時為孩子準備可以當做零嘴的綜合堅果。不過，購買時要注意，有些商品會在堅果外層裹上一層糖漿，因此買的時候最好是選擇原味或鹹味。

新鮮水果

你是不是以為既然要「限醣」，就不能吃水果了呢？不用擔心，適量就好。江部康二醫師曾在他的著作中提到「例如草莓就吃 5 個」，所以我也告訴補習班的學生，只要懂得控制分量，照樣可以享受當季水果。水果標示的「糖度」，指的是水果每 100g 的含糖量。例如「糖度 12」，指的就是每 100g 的水果含有 12g 的醣類，分量相當高。雖然我們人體吸收果糖的速度慢，但畢竟還是醣類，就水果的可食部分來說，最好是盡量控制在 200g 左右。※ 照片中的小玉西瓜，200g 差不多是 1/8 個。

獎勵用的巧克力與椰子冰淇淋

功課寫完之後，我都會跟孩子說「吃塊巧克力吧」，根本就不需要催他們「趕快寫功課」。補習班使用的可可含量超過 70%、做點心用的巧克力，添加物也是最少，我每次會給孩子們兩塊 2g 的巧克力（醣類 1.2g）。另外，椰子冰淇淋也非常熱門，夏天根本就不能沒有它！我通常是將融化的椰子油倒在製冰器中，依喜好加上可可、抹茶、巧克力片或者是莓果，再送冰箱冷凍即可。保存的時候也是放在冷凍室裡。

可以當做配菜、外出點心或零嘴！

推薦「蒸豆」調理包系列

除了在食譜中介紹的配菜，這些調理包還可以放到袋子、外出包甚至口袋裡帶著走，肚子要是有點餓，就可以直接打開來吃。在類似品牌當中，這個系列是最美味的，吃了可是會顛覆我們對水煮豆子的成見喔！

美味蒸豆系列的蒸黑豆、蒸黃豆與蒸沙拉豆。當做配菜也不錯！（請參照 72 ～ 75 頁）。

美味蒸豆系列（おいしい蒸し豆シリーズ）
客服專線：マルヤナギ客戶洽詢室
0120-151456
http://www.maruyanagi.co.jp/
台灣未售

湯品
食譜

三島塾大流行！營養滿分
讓孩子提振精神的湯品

「感冒了」、「吃壞肚子」、「沒有食慾」。在這種時候，想要補充水分時，請記住一點：不要選擇醣類含量多的運動飲料，而要選擇維他命與礦物質豐富的「雞湯」。

不管是雞翅尖、中翅還是翅根，只要是含皮部分較多的部位都可以。稍微撒上鹽與胡椒，加入剛好能蓋住肉的水量，咕嘟咕嘟地燉煮就可以了。燉煮時可以依個人喜好，加入大蒜與薑，再放些胡蘿蔔與洋蔥，就能讓湯的滋味更清甜。我通常會留下青花菜與高麗菜的菜芯，用這些材料煮一鍋蔬菜肉湯。一開始先喝湯，等食慾慢慢恢復後，再來吃裡頭的雞肉與蔬菜。

湯品
食譜

好想每天喝一碗！膠原蛋白豐富的好湯

雞翅清湯

1人分
總醣分
3.8g

將雞肉與蔬菜放入冷水中燉煮就可以了。做法相當簡單，如果能使用雞翅或是帶骨雞肉的話，煮出的高湯會更加美味。利用帶骨雞肉煮成的雞骨高湯，現在在紐約也相當流行呢！這是一道滋養效果無與倫比的好湯。

材料（2人分）

雞翅尖、翅根等部位

…共 8 支

鹽…4g（約 1 小匙）

胡椒…少許

胡蘿蔔…1/4 根

洋蔥…1/4 個

薑（切薄片）…1 片

蔥花…適量

做法

1. 將雞翅尖與翅根抹上鹽與胡椒。胡蘿蔔切成半圓形薄片，洋蔥切薄片。
2. 雞肉入鍋，加入能淹過肉的水量（約 5 杯），放入胡蘿蔔、洋蔥與薑後開大火。
3. 湯煮滾後撈除浮沫，轉小火，繼續燉煮 30 分鐘。
4. 盛入碗中，撒上蔥花即可。

美味滿分，活力全開！

薑蒜火鍋湯

1人分
總醣分
8.2g

「醫食同源」這句話，很適合用來形容這道湯品。豬五花肉是恢復活力之本，裡頭含有豐富的維他命B1，結合大蒜的成分，就能發揮出絕佳的效果。除此之外，白菜與橘醋醬油裡含有維他命C，能夠促進膠原蛋白的生成，與薑搭配的話可以強化免疫系統，有效預防與治療感冒。

材料（2人分）

豬五花薄肉片…400g

白菜…4～5片

大蒜、薑…各適量

依喜好搭配醬油、橘醋醬油、柚子胡椒…適量

做法

1. 白菜略為燙過後撈起。
2. 將燙好的白菜切成5cm寬，和豬肉片捲在一起。
3. 將2.放入鍋中，在縫隙間塞入切成薄片的大蒜與薑片，加入約1/3高的水，蓋上鍋蓋，開火燉煮。
4. 煮熟之後淋上醬油或是沾上橘醋醬油等享用即可。

也可以用高麗菜來替代白菜。另外，肉片不用捲的，而是像千層那樣與菜葉層層疊起也可以。

忙碌媽媽的好幫手！

烹調三島塾限醣食譜超方便
我想推薦的方便料理器具3

家裡是不是有些別人送的、或是一時衝動買下，可是卻一直在廚房裡沉睡的鍋子呢？基本上不需加水就能烹調，或是可以直接放入烤箱裡的Le Creuset與Staub鐵鑄鍋，就是這樣的鍋子。看了說明書之後，發現上面寫了一堆注意事項，而且多到讓人提不起勁來用。實際上不管是開大火，或者是用刷子清洗，這樣的鐵鑄鍋對我這個粗魯人來說都非常耐用，不管是煮、蒸、烤、炸，每天都能夠派上用場，十分活躍呢。

厚實的鐵鑄鍋

推薦1

料理器具
食譜

蒸5分、7分、或10分，依照喜歡的軟硬度決定

不是水煮蛋的燜蒸蛋

1人分
總醣分
0.4g

有沒有煮出水煮蛋後蛋殼卻老是剝不乾淨，整顆蛋坑坑疤疤，結果無法拿來當便當菜的經驗？有人說「用舊一點的蛋比較好」、「用針在蛋殼上刺一個洞」、「蛋要先退冰」、「煮好後泡冷水急速冷卻」，可是不管怎麼試，就是無法做出100%完美的水煮蛋。現在開始，只要使用鐵鑄鍋，在裡頭加一杯水後用大火蒸煮7〜8分鐘，接著放上一小段時間，就可以輕鬆剝出光滑又完美的蛋！

材料 (2人分)

蛋…6～8個

做法

在鍋底鋪上一層烘焙紙，將雞蛋排放其中。倒入1杯水（約200ml），蓋上鍋蓋，大火蒸煮7～8分鐘即可。

這裡介紹的燜蒸蛋，只要倒入一杯水蒸煮就可以了。這麼做的原理跟溫泉蛋相同，而且水不需煮沸，比水煮蛋還要省時。

ARRANGE

好不容易成功做出「不是水煮蛋的燜蒸蛋」，每天吃一樣的蛋可是會讓人吃膩的。這時不妨放一些在涼拌高麗菜（65頁）中。方法很簡單，燜蒸蛋切碎之後與涼拌高麗菜一起攪拌就行了。最後再撒上一些鐵質與鎂含量豐富的荷蘭芹也不錯喔。

用「內鍋」烹調、「外鍋」保溫的

真空燜燒鍋不僅減少了烹調時間，同時也縮短了加熱時間，真的是環保小幫手。更重要的是烹調出來的料理道道美味。一般來說，高溫烹調往往會讓蛋白質產生劇烈變化，讓肉質變得乾硬，失去美味。相對地，真空燜燒鍋的溫度通常是在70度左右，是剛好達到殺菌效果的最底限。在這個溫度下讓肉慢慢熟透，能在不破壞蛋白質的情況之下保留美味。

推薦 2

真空燜燒鍋

燜燒鍋保溫的時間需隨肉的種類來調整。牛肉與雞肉要保溫 2 ～ 3 小時，豬肉的話則需要 3 ～ 4 小時。不論是雞肉火腿還是豬肉火腿，都是早餐盤或便當的人氣菜色，可以直接享用，表面稍微烤過之後再吃也很不錯喔！

將內鍋加水煮沸後，放入已經醃漬入味的肉。在水滾前熄火，千萬不要讓熱水冒出泡泡。內鍋蓋上鍋蓋，放入外鍋中，蓋上外鍋蓋，直接放置燜燒即可。

分切盛盤即可。這道菜帶有淡淡的鹹味，也推薦擠上幾滴檸檬汁，味道會更加清爽。

只包含肉

料理器具食譜

雞肉火腿

多做些放著備用，依舊美味不變

材料 (2人分)

雞胸或雞腿肉
…2 副（約 600g）
鹽…1～1 又 1/2 小匙（5～7.5g）
胡椒…少許
喜歡的乾燥香草（奧勒岡等）
…少許

※ 冷藏可保存 3～4 天。

做法

1. 雞肉抹上鹽與胡椒，在冰箱裡醃漬3天。
2. 「內鍋」倒滿水並煮沸。雞肉略為洗淨後放入水中，轉大火；快要煮滾時熄火，將內鍋移進「外鍋」，蓋上鍋蓋後放置2～3個小時。
3. 取出雞肉。保存前請先冷卻，再放入容器中，置於冰箱冷藏即可。

雞肉火腿大功告成。

分切盛盤之後可以沾上黃芥末醬、柚子胡椒、山葵醬油或美乃滋等喜歡的調味料食用。

料理器具
食譜

鮮嫩多汁、營養健康！

豬肉火腿

材料 (2人分)

豬肩胛
　或里肌肉（肉塊）…300g
鹽…1/2～1小匙（3～4.5g）
胡椒…少許
喜歡的乾燥香草
　（月桂葉等）…少許

做法

做法與雞肉火腿相同。

1. 豬肉抹上鹽與胡椒，在冰箱裡醃漬3天。
2. 「內鍋」倒滿水並煮沸。豬肉略洗淨後放入水中，轉大火；快要煮滾時熄火，將內鍋移進「外鍋」，蓋上鍋蓋後放置2～3個小時。
3. 取出豬肉。保存前請先冷卻，再放入容器中，置於冰箱冷藏即可。

※ 冷藏的話可以保存3～4天。

豬肉火腿大功告成。

推薦 3

ANOVA
低溫烹調舒肥機

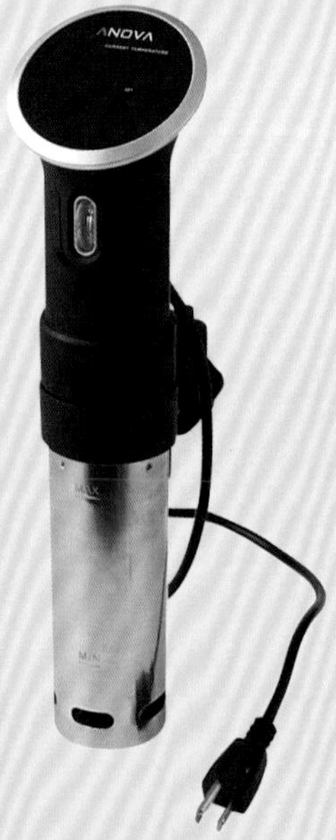

如其名，這是一台可以低溫烹調並定時的工具。使用電鍋的話，溫度會升高得太快，使用真空燜燒鍋，裡頭的熱水則漸漸冷卻。ANOVA舒肥機可以定時定溫，將溫度控制在70度左右，在烹調的過程當中就算打翻，也不會發生危險。不僅如此，還能夠用智慧型手機遠距離操控，非常好用。

可以的話，最好是使用真空袋密封之後再進行烹調。這樣做能使保存更容易，還能夠大量保存，非常方便。

烹調腰內肉（薄肉片）的時候，可以先撒上鹽、胡椒，將月桂葉等香草植物夾在肉中間之後，再裝入密封袋中。

如果是白肉魚、鮭魚片與魚卵等的話，那就先撒上鹽、胡椒、橄欖油與白酒，並包上一層烘焙紙以防食材散開，最後再裝入密封袋中。

蔬菜類的話，設定的溫度與肉、魚不同，如果一起烹調會破壞原本的滋味。

每當媽媽忙到不可開交，孩子必須自己煮東西來吃的時候，可以拿一包已經處理好的食材，打開後微波加熱就可以吃了，也不用擔心孩子會在煮東西的時候發生危險。當然，這些經過ANOVA舒肥機烹調的食物營養也十分充足。烹調時如果使用真空包，可以放在冷凍室裡保存2～3週。

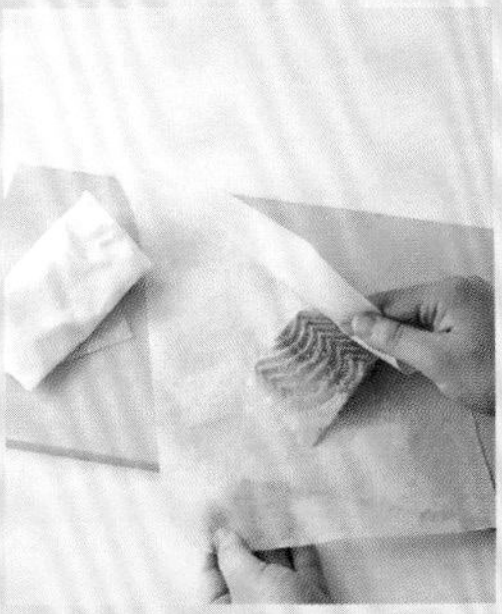

烹調魚肉時為了避免肉散開，可以在裝入密封袋之前要先用烘焙紙包起來。

將 ANOVA 舒肥機夾在較大的深鍋上，並且留意設定的溫度是華氏還是攝氏溫度。

將裝有食材的密封袋隔水加熱。一邊維持讓蛋白質凝固的 69 度，一邊慢慢加熱，這樣就能夠做出鮮嫩多汁的口感了。

蒸豬腰內肉

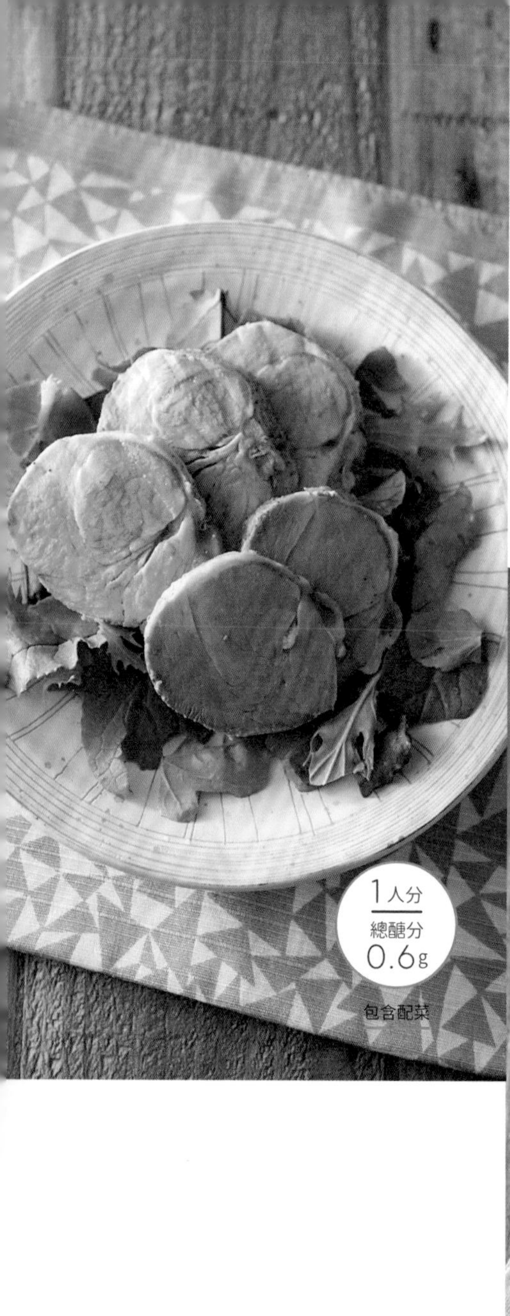
1人分
總醣分
0.6g
包含配菜

蒸魚片

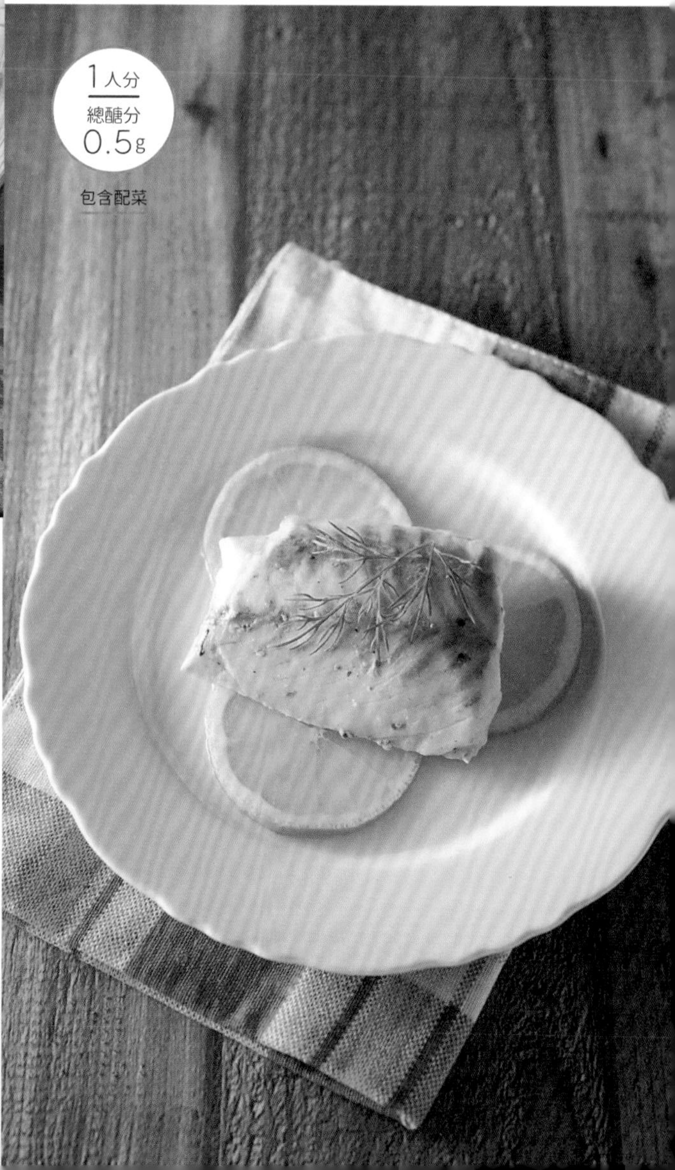
1人分
總醣分
0.5g
包含配菜

就算媽媽晚點回家，孩子自己煮也不用擔心

蒸魚片、蒸豬腰內肉

材料 （2人分）

● 豬腰內肉

豬腰內肉（肉塊）…300g

鹽…3g（1/2 小匙多）

胡椒…少許

月桂葉…1 片

● 白肉魚片

鯛魚、鱸魚、鱈魚等…2 片

鹽、胡椒…各少許

橄欖油、白酒…各 1 大匙

● 喜歡的配菜

照片中為嫩沙拉葉

檸檬薄片、蒔蘿…各適量

做法

1. 在豬肉上抹上鹽與胡椒，夾入月桂葉後裝入密封袋中，一邊擠出裡頭的空氣，一邊封口。

※ 前面照片中使用的是真空包裝機

2. 白肉魚撒上鹽與胡椒，淋上橄欖油及白酒。將魚肉分別用烘焙紙包起來之後，與 1. 一樣裝入密封袋中，一邊擠出裡頭的空氣，一邊封口。

3. 鍋子倒滿水，裝好ANOVA舒肥機，放入 1. 與 2.，將溫度設定在華氏156.2度，豬肉的話加熱3～4小時，魚肉的話加熱40分鐘即可。

※ 牛肉與雞肉的加熱時間為 1 ～ 2 小時，視大小與厚度調整。

4. 豬肉取出並切塊，最後再連同喜歡的配菜一起盛盤即可。

COLUMN

與孩子的相處方式

考慮性別與年齡在成長過程中慢慢調整改變

有句話這麼說：「不離身、不鬆手、不疏忽」，還在念小學一、二年級的孩子，不管是男是女，都還是憑靠本能在行動，聽不進大人的話，溝通能力也還不足。因此，大人不能單方面地念個不停，而是要好好解釋給孩子聽。不過與男孩子相比，女孩子的成長速度比較快，言行舉止也會越來越女性化，感覺上似乎比男孩子容易照顧。小學三年級是第一個關卡。孩子不想上學的情況，通常在這個時期出現。因為此時正好是「自我」意識萌芽，必須在與「他人」相處的團體中學習社會化的階段。然而現在孩子所處的環境和以往不同，不僅小家庭變多，平均每4個孩子就有一個來自單親家庭。此外，少子化讓孩子的兄弟姊妹變少，高樓大廈也讓人們失去敦親睦鄰的機會。也就是說，現代生活的人際關係不如從前那樣豐富，因此孩子還來不及適應社會化，就直接進入了學校這個社會生活。現在的孩子因為缺乏與兄弟姊妹吵架或被附近小鬼惹哭而得到的「免疫力」，所以只要稍有衝突，就會不想去學校上課。

如果只是抱緊孩子，安慰他們說「哎呀，好可憐喔」，容許他們不去學校的話，會讓孩子變成真正的「繭居族」。時代已經改變了，若在以前，上課固然討厭，但是不去的話會被暴跳如雷的父親踢飛，仔細想想還是爸爸可怕，只好無奈去上課。

小學五、六年級的女生的「心」變得很難懂。明明昨天還好好的，

[需要細心照顧的年紀是？]

國中1、2
男女

不管是男孩子還是女孩子都要多加留意！

小5、6
女生

小女生的心如同海底針

小2、3
男女

有可能出現不想上學的狀況

有一天卻突然開始變調，甚至若無其事地說起謊來。沒錯，她們的生理期開始了。不僅外表開始不一樣，看不見的部分也開始產生巨大變化，例如荷爾蒙失調等，有些情況恐怕連本人也不懂自己為何會如此。這時候如果沒有好好在旁陪伴的話，孩子恐怕會因為失去依靠而開始出現不當行為。

到了國中一、二年級，不管男女都要格外注意。一旦在這個階段誤入歧途，恐怕會影響一輩子。不少高中相當重視校內表現，也會參考國中一、二年級時的學校評語。就算國中基測考出不錯的成績，前兩年的缺席時數依舊擋在前方。尤其是有些孩子在應考（私立）國中時就已經精疲力盡，在國中一、二年級階段就會鬆懈下來，浪費青春。到了國中三年級，成長的變化慢慢穩定下來，孩子也開始把心思放在國中基測上。到了暑假，就會退出社團，將生活重心移轉至應考模式。就算孩子一二年級是在成績老是墊底的運動班，照樣在短時間內讓成績脫穎而出。所以在這個階段，我會建議家長利用「限醣」與可以調劑身心的運動社團，陪伴孩子度過青春期。

上了高中，就可以稍微安心了。因為孩子在身心上已經是一個標準的大人，懂得控制本能，也知道要如何藉由理性來採取行動了。

與孩子相處時記得要配合年齡，不慌不忙、好好應對，而且盡量不要讓「補習班老師的威脅」與「媽媽之間的耳語」影響自己。

ADVICE | **千萬不要在孩子面前炫耀！失敗與努力的經驗談OK！藉由交談，來了解孩子的心吧。**

「孩子的限醣飲食」是否讓您感到忐忑不安？

岡田小兒科醫院院長　岡田清春

限**醣飲食是一種大量食用肉、魚、蛋與乳製品，讓身體充分攝取必須營養素的飲食法**。不少孩子在減少醣類的攝取量之後，飯後變得比較不想睡，早上起床後神清氣爽，不但精神穩定許多，就連集中力也大幅提升了。

兒童難治性癲癇所採取的治療飲食為生酮飲食與改良版阿金飲食（modified Atkins diet），可說是最高等級的限醣餐**（高蛋白質、高脂肪、低醣類）**。

由於臨床實驗不多，有些醫師並不建議限制孩子攝取醣類，但同樣地，目前也沒有臨床實驗可以證明孩子攝取的總熱量中，醣類若占60%有益健康。

現代社會中到處充斥著甜食**（醣類）**的誘惑，加上朋友邀約等，持續限醣實屬不易，說不定還讓人擔心繼續下去，會導致生活品質低落。然而，跟隨我們進行限醣飲食的孩子們，比大家想像的更聰明。儘管採取限醣飲食（生酮飲食）的情況各有不同，但是他們的母親都說，孩子們照樣開開心心地與朋友玩在一起。

以下是我曾被詢問過的幾個問題。

① 有人說「伙食費容易增加」。醣類食物確實不貴，**但限醣飲食卻可以解決肥胖問題，讓孩子不容易得到生活習慣病，大幅減少醫療費**。不僅如此，只要好好攝取營養，孩子就會開始少吃零食，不但不想喝果汁或吃蛋糕，也會對糖果餅乾等失去興趣喔。

② 有人說，穀類或水果這些醣類豐富的食物中「含有大量的維他命、礦物質與膳食纖維，而且都是不可或缺的營養素」。但是坦白說，穀類裡頭根本就沒有維他命與礦物質。而「三島塾」的食譜非常重視味覺與當季食材，也會在餐點裡供應適量的

岡田清春

1957 年生。滋賀醫科大學畢業後投身於小兒科，2001 年自行開業，針對一般傷口與燙傷治療推行「濕潤療法」。5 年前開始限醣，成功減重 15kg，而且未曾復胖。

當季水果、海藻、蕈菇與葉菜類蔬菜。

③ 有些人會擔心限醣飲食「可能影響孩子的健康成長」。其實這些人並不了解限醣飲食的實際內容，再加上無法捨棄過去（根據飽和脂肪有害說而來）計算飲食卡路里的概念，在這種情況下，採行錯誤的限醣飲食（中蛋白質、低脂肪、低醣類）會造成營養不足，甚至危害健康。

④ 有的人擔心「做為腦部營養的葡萄糖太少的話，會影響到智力發展」，但是現在我們已經知道大腦的能量來源，是產自脂肪的酮體。

想要健康成長，就要攝取足夠的脂肪與蛋白質。醣類能提供熱量，卻不是身體組成的原料。如果攝取過多的醣類，會透過胰島素合成為脂肪細胞中的脂肪，體重雖然會增加，卻無法生成骨骼與肌肉。

醣類一旦攝取過剩，不但會產生脂肪，還會妨礙身體攝取足夠的蛋白質、鐵質等礦物質，這才是真正影響健康成長與健全發育的因素。

一開始，飲食對孩子造成的改變，曾讓我大吃一驚。只要試著讓孩子不吃米飯、麵包、烏龍麵、蕎麥麵、芋類、南瓜、砂糖、果糖與糖漿類，然後參考本書食譜，準備肉、蛋、起司、海鮮、奶油與豬油等食物讓他們細嚼慢嚥地吃下，相信只要短短一個月，就能感受到孩子整個人煥然一新。那些因為「三島塾」餐點而大幅改變的孩子們的故事，均詳細地寫在《「限醣」可以拯救孩子》（大垣書店）一書中。

三島塾式孩童限醣飲食Q&A

挑食

Q 我們家孩子不喜歡吃肉，怎麼辦？

A 可以試著更換肉的種類或部位。「三島塾」的話，豬肩胛肉受歡迎的程度勝過五花肉與里肌肉。孩子如果喜歡吃魚，把肉換成魚也不錯。

Q 如何讓討厭吃魚的孩子把魚吃下去呢？

A 魚類裡頭有青魚、白肉魚與紅肉魚。烹調的方式也有生食、滷、烤、炸等，相當多變化。從這當中找出孩子最喜歡的菜色吧。

Q 希望能讓孩子多吃蔬菜。

A 小學低年級的學生味覺非常敏銳，連吃小松菜都會覺得苦，往往會拒吃有苦味的東西。不需要強迫他們吃這些蔬菜，而是改用少量的地瓜或南瓜，補充最基本的膳食纖維，並另外讓他們補充維他命C就可以了。

營養與美味

Q 孩子有點貧血，怎麼辦？

A 貧血的原因在於缺鐵。可以讓孩

貧血對策，不敢吃的人也會動筷！鹽滷雞肝

做法

1. 將4個雞肝（帶雞心）切成適口大小，以流動的水將血塊沖洗乾淨。
2. 將鹽1大匙、山椒粉適量、零糖質料理酒1/2杯（100ml）倒入密封袋中，輕輕混合。
3. 將**1.**放進**2.**中，置於冰箱中冷藏一晚。
4. 將**3.**倒入滾水中，並繼續加熱。將溫度保持在即將沸騰前，一邊不時翻面，等雞肝煮熟就完成了。

剛煮好時固然美味，不過這道料理也能在冰箱裡保存好幾天，可以當做孩子肚子餓時的點心，或是切碎後加進漢堡排或肉捲的絞肉中也很美味。在「限醣人 in 北九州」月會的低醣午餐中，大受好評。

子吃些牛、豬的瘦肉或雞腿肉。鯨魚、鮪魚與鰹魚等紅肉魚也不錯。為了幫助鐵質吸收，可搭配含有鎂、鋅與維他命C、D的營養補充品。烹調時也可以使用鐵製平底鍋，別嫌煮完要洗太麻煩喔。

Q 孩子吃不多，怎麼辦？

A 那麼就不要一天吃三餐，花些功夫，把一天分成六餐吧。只要能充分攝取每天的基本營養素，就算每餐分量不多也沒關係，也可以充分利用零嘴補足營養。雖然從食物中攝取營養是基本原則，但遇到這種情況，可以先搭配綜合維他命與礦物質，總之先為孩子培養出可以進食的體力。

Q 丈夫（或父母）不願意讓孩子採取限醣飲食

A 那麼就偷偷進行吧。煮飯時少用根莖類、多用葉菜類蔬菜；多煮些肉或魚，減少米飯、麵包與麵類的分量。廚房的主導權掌握在媽媽手上，只要在三個月內有效果，大家就不得不認同了。

Q 要用哪些調味料來煮呢？

A 市面上的調味料大多添加過多的砂糖或其他添加物，像味噌、橘醋醬油這些調味料可以盡量自己做。另外也能用鹽＋橄欖油、鹽＋白麻油、鹽＋柑橘類果汁等簡單的調味方式，讓孩子感受食材原有的美味。

【三島塾的基本調味料與使用油】

- 太白胡麻油
- 太香胡麻油
- 橄欖油
- 豬油
- とろみちゃん的太白粉
- チョーコー牌醬油
- 零糖質料理酒

Q 調味好像越來越單調了……

A 把調味料換成味噌、醬油、鹽或咖哩粉，即使食材與烹調方式不變，關東煮也能搖身一變成為蔬菜牛肉鍋或咖哩喔。

【學生最喜歡的三大桌上調味料】

- Salad Elegance調味料
- 玫瑰鹽
- 黑胡椒

節省金錢與時間

Q 零醣食材的價格較高，會不會影響到家計呢？

A 蛋白質可從肉、蛋與豆腐等食材中均衡攝取。豆芽菜含有豐富的膳食纖維與維他命 C，也很推薦食用。

Q 我每天都很忙，而且又不太會做菜。

A 從這本書的內容可以看出我在設計食譜時，追求的就是「三大輕鬆」。食材就是固定那幾樣、所以買菜很輕鬆，烹調不需太多時間、所以煮飯很輕鬆，使用的廚具並不多、所以洗碗很輕鬆。請別太擔心，務必試著煮煮看。

Q 買來的便宜冷凍肉該如何好好解凍？

A 最好的方法是把肉套上兩層塑膠袋，然後浸在冰水裡退冰，不過為了準備冰水，家用冰箱的冰塊可能不夠多。另一個好方法是廚房紙巾將冷凍肉包起，放在盤上並置於冷藏一個晚上。只要習慣後就不會忘記了。

Q 有沒有省荷包又對身體有益的食材呢？

A 雞皮！烤或煮湯都很好，這麼棒的食材肯定能讓孩子的偏差值提升10個數值。另外同一部位的豬碎肉也不錯，絕對比混合不同部位的碎肉片好。此外肉塊或小尾雜魚也不錯。如果奶油正好特價的話，可以多買一些，放在冰箱中冷凍保存。

Q 有沒有其他更省荷包的方法呢？

A 那就利用容量約 120 公升的冷凍庫（約 3 萬日幣）吧。趁商店或網路特價時定期購入食材並以冷凍保存，需要時再解凍就可以剩下更多菜錢了。

\ 三島塾 愛用 /

限醣食材訂購指南

安心安全、價格合理！

蛋白質食材

肉

有時會在電視上看到假產地問題鬧得沸沸揚揚，畢竟對外行人的我們來說，看到裝在盒子裡的肉片根本什麼也看不出來。最安全的方法，就是到能看得見賣方的肉舖裡購買。畢竟是要給學生們吃的，我會儘量挑選安心安全的品項。

九州肉屋.jp

大分縣大分市中鶴崎 1-6-8
TEL 097-521-3355　FAX 097-527-4037
http://butcher.jp/

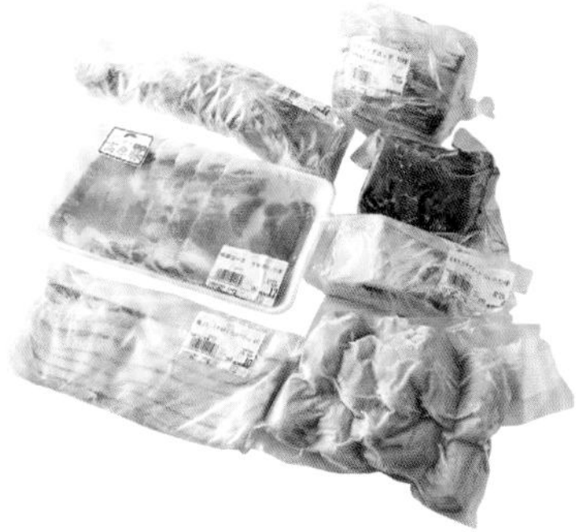

販售草飼牛五花肉、大分縣產的和牛腿肉、安地斯高原豬肩胛薄肉片、大分縣產豬五花肉片等。

蛋

我們吃的雞蛋是在什麼地方、由怎麼樣的雞生下來的呢？看了網站並實際拜訪社長後，我的疑慮一掃而空。這裡的飼養方式比照歐洲規格，看見母雞們悠哉生活在目前日本為數不多的舒適雞舍裡的模樣後，我就決定要用這裡的蛋來為孩子們煮東西。

鈴木養雞場

大分縣速見郡日出町藤原 577-12
TEL 0977-72-6734　FAX 0977-72-1410
http://www.suzuki-egg.jp/

人道養殖（不讓雞感到壓力的飼養方式）蛋「愛情雞蛋・優香」、有精蛋「大樹」，另外還有調味蛋、鹽味水煮蛋與半熟蛋等。

起司

上浦先生原本是主廚，為了做出好起司而開始養牛，現在一共養了少少十頭牛，對每頭牛都細心仔細地好好照顧。就連 JR 九州特急列車的餐車也都使用這裡的起司，可見其品質有多好。

Cook Hill Farm

大分縣由布市湯布院町塚原 135
TEL 0977-85-4220　FAX 0977-85-3422
http://cookhillfarm.com/

莫札瑞拉起司、香草熟成起司等。購買起司時會附上當作保冷劑使用的冷凍乳清（請參照 47 頁）。

令人開心的麵包&甜點

原是為了罹患糖尿病的太太而開發出低醣麵包，卻因為有助減肥而大受好評。目前開發的低醣麵包仍處於草創階段，救災專用的低醣麵包也正在研發中，日後的發展值得期待。

みんなのぱん
（大家的麵包）

東京都墨田區菊川 3-18-2
アドン菊川大樓 1 樓
TEL 03-5600-3300
http://www.minnanopan.com/

順時針方向、從左後方開始依序為胚芽吐司、黃豆吐司、可頌、胚芽五穀麵包與黃豆小餐包。豐富的選擇讓人心滿意足，很受愛吃吐司的孩子喜愛。

奶油螺旋麵包。撒上用赤藻糖醇（Erythritol）製作的糖粉看起來更加美味，當做伴手禮也很適合。

這款奶油螺旋麵包是由在日本各地廣開低醣麵包講習會的 2 級麵包製造技能士高瀨康弘先生所開發、於低醣料理研究家秋澤瑪麗的店裡販售。限醣飲食正引發熱潮，請細細品嚐兩位用滿滿熱情所做出的麵包！

Marie's Lowcarb Foods

兵庫縣寶塚市野上 1 － 5 － 3
クリエイト逆瀬川 1 樓
TEL 0797-77-0026
http://beautyneeds.net/

堀田洋菓子店

石川縣金澤市扇町 1-3
TEL 076-231-2657
www.horita.cake.com

限醣・生酮飲食界中無人不知的堀田茂吉先生，在全日本最愛甜食的金澤市推出了限醣糕點，來這裡還可以買到「鐵子的房間」這款吃了安心、還能順便補充鐵質的蛋糕。

從照片前方依序為鐵質含量豐富的巧克力蛋糕「鐵子的房間」、用草飼奶油做成的香橙蛋糕與核桃蛋糕。此外，零醣生日蛋糕也相當熱門。

生巧克力是情人節最佳贈禮。

洋菓子のサン・ラファエル（原Frejus）

Frejus 的低醣糕點自 2018 年 5 月起轉由洋菓子のサン・ラファエル經營，詳細資訊請上以下網址查詢：https://www.saint-raphael.co.jp/

Frejus 的高林泉哉先生是自法國返日的知名甜點師。為了罹患糖尿病的友人，他特地將經營的店面轉讓給他人，斷絕退路，重新開了一家低醣糕點店。品質之高，讓人不禁懷疑：這真的是低醣糕點嗎？

由左依序為巧克力蛋糕與半熟起司蛋糕。兩款都非常好吃，不說的話根本就吃不出來這是零醣蛋糕。

店家大力推薦的Q彈巧克力丹麥麵包與香軟起司麵包（裡面包著奶油起司）。

低糖質ライフ（低醣生活）

福岡縣小郡市希望之丘 5-6-9
TEL 0942-75-7160
http://teitositsu.stores.jp/

罹患第一型糖尿病的木村清原本是銀行員。退休之後，他與喜歡做糕點的太太一起去烘焙教室上課，之後開了這家店，希望能幫助大家限醣。這裡的每一樣甜點都讓人看了垂涎三尺，今年夏天限定推出的「低醣冰淇淋」還掀起一陣風潮呢。

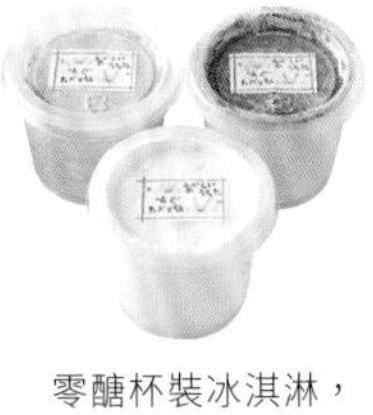

零醣杯裝冰淇淋，有可可、香草與抹茶三種口味。

奶油起司黃豆粉瑪芬與藍莓黃豆粉瑪芬。

單片的生乳酪蛋糕與烤起司蛋糕。亦可訂製零醣生日蛋糕。

結語

常聽到日本的中年男性只要「限醣」，就能夠改善第二型糖尿病的說法。

不過當補習班的學生也跟著他們開始「限醣」時，沒想到竟然成績變好，問題行為也消失了，這可是「三島塾」的創舉呢。

當時江部康二醫師建議我出書，所以才會寫下《「限醣」可以拯救孩子》（大垣書店）一書。我利用在補習班教導孩子的空檔時間陸續寫完了稿子，不過當時拒絕我的出版社卻多達十幾家。

讓這本書得以付梓並且呈現在世人面前的是大垣書店的編輯，平野篤先生。他的勇氣讓我感謝萬分。

我也因此收到很多實踐「限醣飲食」的媽媽們的來信，告訴我是這本書「在背後推了一把」。不過令人喜出望外的是，這本書也被收藏在點字圖書館裡，這真的是一件無比光榮的事。

在那之後，我認識了希望我能出版現在這本書的主婦之友社編輯，近藤祥子小姐。每天忙於照顧兩個孩子的她，似乎有段令她有些自責的過去。「我希望三島先生能夠為全天下苦惱於照顧孩子的媽媽寫下這本書。」被她的熱忱所打動的我，二話不說立刻答應她「我會努力寫下這本書」。

不過這次有個地方卻和用電子郵件將原稿寄給出版社不一樣，那就是書中後半部的食譜。我第一次體驗到了食物攝影。平常我只要準備烹調工具與食材，其他部分都是目測，但是現在卻必須一一計算，不斷試做。到了攝影當天，我連續五天都早上五點起床，每一天都準備了十幾道菜。現在回想起來，那幾天真是辛苦啊。

儘管如此，在料理作家杉岾伸香小姐、髮型設計師小原尚敏先生、攝影師松木潤先生的協助之下，完成的食物照片日漸增

加，喜悅也跟著湧上心頭。

我從小學四年級就開始代替忙於工作的母親，為全家人做飯。因為補習班的孩子對我說「想要和老師吃一樣的」，所以我開始勉為其難地為他們煮點東西。後來這些料理，成了舉辦次數超過60次的「限醣人in北九州」月會上、為大家準備的低醣午餐。現在回想起來，當時所做的每一道菜，都與這本書有關。

本書食譜是由非烹飪專家的我，在過去五年來幾乎全年無休，為學生們持續製作的菜色中精選而來，目的是要讓媽媽做得順手、孩子吃得開心。更重要的，是希望孩子能夠吃到營養均衡，有助於身心成長的菜色。

因為是外行人的料理，所以做法非常簡單，不論是誰都能夠輕輕鬆鬆地如法炮製，食材也是冰箱冷凍室還有食材架上平時常見的，不需匆匆忙忙地特地跑去買菜。

站在烹飪專家的立場來看，這些菜色或許不足以登上大雅之堂，但是對於日常使用來說，我還有點信心，因為「三島塾」的學生個個都說這些菜「很好吃」。當然，如果是家庭聚會這種重要場合，我還是會奉勸大家「請到專業廚師開的餐廳吃吧」這句話。

如果忙碌的媽媽或是愛下廚的孩子，能夠一道道做出這本食譜裡的菜色，並且與我分享心得的話，我會感到無比幸福。

2017年5月

於「三島塾」東京教室 三島學

給孩子的限醣成長食譜

監　　修 | 江部康二
作　　者 | 三島學
譯　　者 | 何姵儀
發 行 人 | 林隆奮 Frank Lin
社　　長 | 蘇國林 Green Su

出版團隊

總 編 輯 | 葉怡慧 Carol Yeh
日文主編 | 許世璇 Kylie Hsu
企劃編輯 | 許芳菁 Carolyn Hsu
裝幀設計 | 江孟達
內頁構成 | 黃靖芳 Jing Huang

行銷統籌

業務處長 | 吳宗庭 Tim Wu
業務主任 | 蘇倍生 Benson Su
業務專員 | 鍾依娟 Irina Chung
業務秘書 | 陳曉琪 Angel Chen
莊皓雯 Gia Chuang
行銷主任 | 朱韻淑 Vina Ju

發行公司 | 精誠資訊股份有限公司　悅知文化
105台北市松山區復興北路99號12樓
訂購專線 | (02) 2719-8811
訂購傳真 | (02) 2719-7980
專屬網址 | http://www.delightpress.com.tw
悅知客服 | cs@delightpress.com.tw
ISBN：978-986-510-165-7

建議售價 | 新台幣350元
初版一刷 | 2018年09月
初版三刷 | 2021年08月

國家圖書館出版品預行編目資料

給孩子的限醣成長食譜 / 三島學著;何姵儀譯. -- 二版. -- 臺北市：精誠資訊股份有限公, 2021.08
面；　公分
譯自：糖質制限で子どもが変わる!三島塾レシピ：成績&やる気アップ、もう「勉強しなさい!」と言わなくてOK
ISBN 978-986-510-165-7 (平裝)
1.食譜 2.健康飲食

427.1　　110011172

建議分類 | 食譜・親子教養

原書Staff

料理／三島學
攝影／松木潤（主婦之友社）
造型／小原尚敏
插画／中村久美
攝影協助、營養計算／杉岾伸香（營養師）
日文版編輯／近藤祥子（主婦之友社）

廣告回信
平信、免貼郵票
台灣北區郵政管理局登記證
台北廣字第1531號

SYSTEX making it happen 精誠資訊 | dp 悅知文化 Delight Press

精誠公司悅知文化　收

105 台北市復興北路99號12樓

（請沿此虛線對折寄回）

體重過重、糖尿病、無法專心、過敏
與異位皮膚炎，都能透過限醣解決！

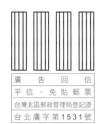

讀者回函

《給孩子的限醣成長食譜》

感謝您購買本書。為提供更好的服務，請撥冗回答下列問題，以做為我們日後改善的依據。
請將回函寄回台北市復興北路99號12樓（免貼郵票），悅知文化感謝您的支持與愛護！

姓名：________________ 性別：□男 □女 年齡：______ 歲

聯絡電話：(日)________________ (夜)________________

Email：________________________________

通訊地址：□□□-□□ ________________________________

學歷：□國中以下 □高中 □專科 □大學 □研究所 □研究所以上

職稱：□學生 □家管 □自由工作者 □一般職員 □中高階主管 □經營者 □其他 ____________

平均每月購買幾本書：□4本以下 □4~10本 □10本~20本 □20本以上

● 您喜歡的閱讀類別？(可複選)

□文學小說 □心靈勵志 □行銷商管 □藝術設計 □生活風格 □旅遊 □食譜 □其他 ____________

● 請問您如何獲得閱讀資訊？(可複選)

□悅知官網、社群、電子報 □書店文宣 □他人介紹 □團購管道

媒體：□網路 □報紙 □雜誌 □廣播 □電視 □其他 ________________

● 請問您在何處購買本書？

實體書店：□誠品 □金石堂 □紀伊國屋 □其他 ________________

網路書店：□博客來 □金石堂 □誠品 □PCHome □讀冊 □其他 ________________

● 購買本書的主要原因是？(單選)

□工作或生活所需 □主題吸引 □親友推薦 □書封精美 □喜歡悅知 □喜歡作者 □行銷活動

□有折扣 ______ 折 □媒體推薦 ________________

● 您覺得本書的品質及內容如何？

內容：□很好 □普通 □待加強 原因：________________

印刷：□很好 □普通 □待加強 原因：________________

價格：□偏高 □普通 □偏低 原因：________________

● 請問您認識悅知文化嗎？(可複選)

□第一次接觸 □購買過悅知其他書籍 □已加入悅知網站會員www.delightpress.com.tw □有訂閱悅知電子報

● 請問您是否瀏覽過悅知文化網站？ □是 □否

● 您願意收到我們發送的電子報，以得到更多書訊及優惠嗎？ □願意 □不願意

● 請問您對本書的綜合建議：________________________________

● 希望我們出版什麼類型的書：________________________________